Zeitschrift für Angewandte Mathematik und Mechanik

ZAMM

Applied Mathematics and Mechanics

Founded by Richard von Mises in 1921

Akademie-Verlag · Berlin

Volume 65 · 1985
Number 12

ISSN 0044-2267 ZAMM · Z. angew. Math. Mech., Berlin **65** (1985) 12, 589—652 EVP 18,— M

The **aim and scope** of ZAMM is, in agreement with the intentions of its founder: to publish new results and information on applied mathematics (mainly on numerical mathematics and applications of analysis), as well as on theoretical and applied mechanics.
The journal is of interest for persons working in applied mathematics and mechanics as well as on mathematical or mechanical questions in other sciences as physics and technical sciences, for instance mechanical and civil engineering.

Terms of subscription for the journal

Orders can be sent

- in the GDR: to Postzeitungsvertrieb, or to Akademie-Verlag Berlin, DDR-1086 Berlin, Leipziger Str. 3—4, PF-Nr. 1233;
- in the other socialist countries: to a book-shop for foreign language literature or to the competent news-distributing agency;
- in the FRG and Berlin(West): to a book-shop or to the wholesale distributing agency Kunst und Wissen, Erich Bieber OHG, Wilhelmstr. 4—6, D-7000 Stuttgart 1;
- in the other Western European Countries: to Kunst und Wissen, Erich Bieber GmbH, Dufourstr. 51, CH-8008 Zürich;
- in other countries: to the international book- and journal-selling trade, to Buchexport, Volkseigener Außenhandelsbetrieb der DDR, DDR-7010 Leipzig, Postfach 160; or to the Akademie-Verlag Berlin, DDR-1086 Berlin, Leipziger Str. 3—4, PF-Nr. 1233.

Manuscripts (in grammatical English or German language, master and one copy, formulas typewritten) should be addressed to the editorial office of ZAMM, Institut für Mechanik der Akademie der Wissenschaften der DDR, DDR-1199 Berlin, Rudower Chaussee 5. The title in English language and for papers of more than 10 pages a summary of 5 to 10 lines in English and (if possible) German and Russian language have to be added. Detailed remarks for authors which should be considered strictly are published subsequent to the last annual table of contents.

ZEITSCHRIFT FÜR
ANGEWANDTE MATHEMATIK UND MECHANIK
Herausgeber und Chefredakteur: Prof. Dr. Günter Schmidt, Berlin. Verlag: Akademie-Verlag Berlin, DDR-1086 Berlin, Leipziger Straße 3—4; Fernruf: 2236221 oder 2236229; Telex-Nr.: 114420; Bank: Staatsbank der DDR, Berlin, Kto.-Nr.: 6886-26-20712. Anschrift der Redaktion: Institut für Mechanik der Akademie der Wissenschaften der DDR, DDR-1199 Berlin, Rudower Chaussee 5; Fernruf: 6743639 oder 6743643.

Veröffentlicht unter der Lizenznummer 1282 des Presseamtes beim Vorsitzenden des Ministerrates der Deutschen Demokratischen Republik. Gesamtherstellung: VEB Druckerei „Thomas Müntzer", DDR-5820 Bad Langensalza. Erscheinungsweise: Die Zeitschrift für Angewandte Mathematik und Mechanik erscheint monatlich. Die 12 Hefte eines Jahres einschließlich Tagungshefte bilden einen Band. Bezugspreis je Band 396,— DM zuzüglich Versandspesen. Bezugspreis je Heft 33,— DM. Der gültige Jahresbezugspreis für die DDR ist der Postzeitungsliste zu entnehmen. Bestellnummer dieses Heftes: 1009/65/12.

Printed in the German Democratic Republic.
AN (EDV) 35937
01800

Zeitschrift für Angewandte Mathematik und Mechanik

ZAMM

Applied Mathematics and Mechanics

Volume 65 1985 Number 12

ZAMM · Z. angew. Math. Mech. 65 (1985) 12, 589 – 595

BEESACK, P. R.

More Generalised Discrete Gronwall Inequalities

Zuerst wird die allgemeinste lineare diskrete Gronwallsche Ungleichung untersucht, und es werden bestmögliche Lösungen mit elementaren Methoden erhalten. Diese sind diskrete Analoga von denen, die für Volterrasche Integralgleichungen verwendet werden. Dann werden obere Schranken für Lösungen gefunden in dem Fall, daß der Kern der Gleichungen vom verallgemeinerten Abelschen Typ ist. Somit werden kürzlich von S. McKee erhaltene Ergebnisse verbessert und verallgemeinert.

The most general linear discrete Gronwall inequality is first considered, and best possible solutions of the inequality are obtained by elementary methods which are discrete analogues of those used for Volterra integral equations. Upper bounds are also obtained for solutions in case the kernel is of a generalised Abel type, improving and extending recent work of S. McKee.

Рассматривается сперва возможно общее линейное дискретное неравенство Гронуалла и с помощью элементарных методах получаются наилучшие решения. Эти решения являются дискретными аналогами об этих использующих для интегральных уравнений Вольтерра. Потом получаются верхные границы для решений в том случае, где ядро уравнения является ядром обобщенного Абельного типа. Следовательно улучшаются и обобщаются результаты получаены недавно от автора С. МэкКи.

1. Introduction

In 1982, S. McKEE [10] considered several discrete Gronwall inequalities of the form

$$x_i \leqq \delta_i + A \sum_{j=0}^{i-1} j^\gamma x_j/(i^\alpha - j^\alpha)^\beta\,, \qquad 0 \leqq i \leqq N\,, \tag{1}$$

and obtained upper bounds for $||x_j|| = \max\{x_i : 0 \leqq i \leqq N\}$, assuming all $x_i \geqq 0$. In particular, the special cases $\delta_i \equiv \delta > 0$, $A > 0$, and

$$\text{(i)}\quad \beta = \gamma = 0\,, \qquad \text{(ii)}\quad \alpha = 1\,, \qquad 0 \leqq \beta < 1\,, \qquad \gamma = 0\,,$$
$$\text{(iii)}\quad \alpha = (n+1)/n\,, \qquad \beta = n/(n+1)\,, \qquad \gamma = 1\,,$$

were considered. In this paper we shall obtain upper bounds for each x_i (and not just $||x_j||$) in (1) for all cases having $0 \leqq \beta < 1$, $\alpha > 0$, $\gamma \geqq 0$, $\alpha\beta \leqq 1 + \gamma$, and $\delta_i = \delta i^b$ for $b \geqq 0$.

Our results will be obtained by specialization of best possible upper bounds which we obtain for (x_i) satisfying the general linear Gronwall type inequality

$$x_i \leqq \delta_i + \sum_{j=0}^{i-1} K(i, j)\, x_j\,, \qquad 0 \leqq i \leqq N\,, \tag{2}$$

where we assume only that $K(i, j) \geqq 0$ for $0 \leqq j \leqq i - 1$. In particular we do not (at first) assume that all x_i, δ_i

are nonnegative. We note that here, and throughout this paper, $\sum_{j=0}^{-1} \dots = 0$ and in general, sums over empty sets and products over empty sets of subscripts are to be replaced by 0 and 1 respectively, and we take $0^0 = 1$ whenever this occurs.

The system (2) is merely a linear triangular system of inequalities and its general solution can be obtained by the methods of linear algebra, including use of the inverse of the appropriate nonsingular $(i + 1) \times (i + 1)$ matrix. Instead we use a more direct method which consists essentially of repeated substitutions for x_j in (2) using as upper bound for x_j the right side of (2) with i replaced by j. This is, of course, the analogue of the method of repeated substitutions used for the continuous case of linear Volterra integral equations, and is essentially the method used in [10]. As in the continuous case we can obtain the result in two forms: (a) an upper bound as the analogue of the Neumann series; or (b) an upper bound involving a resolvent kernel which is defined in terms of iterated kernels. We give these results for (2) in § 2 and, as an application we give explicitly the best upper bound for the case $K(i, j) = a_i b_j \geqq 0$. In § 3 we shall apply some of these results to the more difficult special case (1).

We conclude this introductory section by noting that both continuous and discrete generalised Abel-Volterra type equations have been of interest in recent years. In [11], S. McKee gave a discussion of numerical methods applied to integral equations of the first kind involving kernels $k(t, s)/(t - s)^\beta$. In the same volume [5, 6], D. Kershaw encountered inequalities of the form (1) in obtaining the convergence of numerical solutions of (nonlinear) Abel-Volterra equations of the second kind, while Ch. Lubich [9] dealt with a discrete linear Volterra equation (2) of convolution type $(K(i, j) = a(i - j))$. Equations of this type, involving generalised Abel kernels occur in heat conduction problems; see, for example, B. Noble [13, pp. 236, 263] where the singular parts of the kernels have the forms $(t^2 - s^2)^{-1/2}$ and $(t - s)^{-3/2}$. When such problems are discretised, inequalities of the form (2) arise (or corresponding equalities), and results of the type considered in the present paper appear to give useful and more precise results concerning the solutions of the discrete equations.

A continuous version of the discrete inequality (1) is an Abel-Volterra type equation of the form

$$x(t) = \delta(t) + A_1 \int_0^t s^\alpha x(s)/(x^\alpha - s^\alpha)^\beta \, ds\,, \qquad 0 \leqq t \leqq T\,. \tag{1'}$$

In order to use (1) to obtain convergence proofs for discrete approximations, $x_i \cong x(t_i)$, $(t_i = ih, 0 \leqq i \leqq N, T = Nh)$ to solutions of (1'), it is essential that the upper bounds obtained for (x_i) satisfying (1) be bounded as $i \to \infty$, at least when $\delta(t)$ is bounded. We shall comment further on this in Remark 2 following Theorem 2.

2. The general linear Gronwall inequality

For the system of inequalities (2) we suppose $K(i, j) \geqq 0$ for $0 \leqq j \leqq i - 1$. By repeated substitutions in (2) it is easy to verify (by induction on r) that, for $0 \leqq r \leqq i - 1$ we have

$$x_i \leqq \delta_i + \sum_{k=1}^{r} A_k(i; \{\delta_{j_k}\}) + A_{r+1}(i, \{x_{j_{r+1}}\})\,,$$

where

$$A_k(i; \{\gamma_{j_k}\}) = \sum_{j_1=0}^{i-1} \sum_{j_2=0}^{j_1-1} \dots \sum_{j_k=0}^{j_{k-1}-1} K(i, j_1)\, K(j_1, j_2) \dots K(j_{k-1}, j_k)\, \gamma_{j_k} \tag{3}$$

for $1 \leqq k \leqq r + 1$, with $j_0 = i$. Now observe that the extreme range for the indices of summation in (3) satisfies $0 \leqq j_1 \leqq i - 1$, $0 \leqq j_2 \leqq i - 2, \dots, 0 \leqq j_k \leqq i - k$ so, in particular $0 \leqq j_i \leqq 0$ and for $k \geqq i + 1$ all sums $A_k(i; \{\gamma_{j_k}\})$ have the value 0. Hence, taking $r = i - 1$ above, and using the fact that $x_0 \leqq \delta_0$ by (2), we obtain the Neumann series analogue

$$x_i \leqq \delta_i + \sum_{k=1}^{i} A_k(i; \{\delta_{j_k}\})\,, \qquad (\delta_{j_0} = \delta_0)\,, \qquad 0 \leqq i \leqq N\,. \tag{4}$$

For computational purposes, observe that

$$\left.\begin{aligned} A_1(i) &= A_1(i; \{\delta_{j_1}'\}) = \sum_{j_1=0}^{i-1} K(i, j_1)\, \delta_{j_1}\,, \\ A_{k+1}(i) &= A_{k+1}(i; \{\delta_{j_{k+1}}\}) = \sum_{j_1=0}^{i-1} K(i, j_1)\, A_k(j_1; \{\delta_{j_{k+1}}\})\,, \qquad 1 \leqq k \leqq i - 1\,. \end{aligned}\right\} \tag{5}$$

So far we have not interchanged any order of summation. In order to obtain the analogue of iterated kernels, we sum over $(j_1, j_2, \dots, j_k)$ in (3) in the reverse order to that in (3) to obtain

$$A_k(i; \{\delta_{j_k}\}) = \sum_{j_k=0}^{i-k} \Big\{ \sum_{j_{k-1}=j_k+1}^{i-k+1} \dots \sum_{j_1=j_2+1}^{i-1} K(i, j_1) \dots K(j_{k-1}, j_k) \Big\}\, \delta_{i_k} = \sum_{j_k=0}^{i-k} K^{(k)}(i, j_k)\, \delta_{j_k}\,, \qquad 1 \leqq k \leqq i\,. \tag{6}$$

The iterated kernels $K^{(k)}$ defined in (6) are given recursively by

$$K^{(k+1)}(i, j) = \begin{cases} K(i, j) & \text{if } \; k = 0\,, \\ \displaystyle\sum_{j_k=j+1}^{i-k} K^{(k)}(i, j_k)\, K(j_k, j)\,, & 1 \leqq k \leqq i - 1\,. \end{cases} \tag{7}$$

By again reversing the order of summation in (6) we obtain the alternative form

$$K^{(k)}(i, j) = \sum_{j_2=j+k-1}^{i-1} \dots \sum_{j_{k-1}=j+2}^{j_{k-2}-1} \sum_{j_k=j+1}^{j_{k-1}-1} K(i, j_2) \dots K(j_{k-1}, j_k) K(j_k, j) .$$

From this it now follows that

$$K^{(k+1)}(i, j) = \sum_{j_1=j+k}^{i-1} K(i, j_1) K^{(k)}(j_1, j), \qquad 1 \leqq k \leqq i-1, \tag{7'}$$

an alternative recursion relation to (7), precisely as for iterated Volterra kernels in the continuous case.

By using (4) and (6) we also obtain

$$x_i \leqq \delta_i + \sum_{k=1}^{i} \sum_{j=0}^{i-k} K^{(k)}(i, j) \delta_j, \qquad 0 \leqq i \leqq N, \tag{8}$$

whence on interchanging the order of summation,

$$x_i \leqq \delta_i + \sum_{j=0}^{i-1} \Gamma(i, j) \delta_j, \qquad 0 \leqq i \leqq N, \tag{8'}$$

where

$$\Gamma(i, j) = \sum_{k=1}^{i-j} K^{(k)}(i, j), \qquad 0 \leqq j \leqq i-k, \qquad k \geqq 1. \tag{9}$$

This corresponds to the resolvent kernel in the continuous case.

We summarize our results as

Theorem 1: *Suppose* $K(i, j) \geqq 0$ *for* $0 \leqq j \leqq i-1 \leqq N-1$, *and that* $\{x_j\}$ *satisfies the inequalities* (2). *Then* x_i *also satisfies the upper bounds given by* (4), (8), (8'). *Moreover, these are best possible in the sense that if equality holds in* (2) *for* $0 \leqq i \leqq i_0$, *then equality also holds in* (4), (8), (8') *for* $0 \leqq i \leqq i_0$.

In (4) the A_k are given by the equivalent forms (3), (5), (6), while in (8) and (8') the iterated kernels $K^{(k)}$ are given by (6), (7) or (7'). When using Theorem 1 to obtain only crude upper bounds, different results may be obtained depending on which of the equivalent forms are used. It may be of interest to note that (8') shows that if $K = (k_{\alpha\beta})$ denotes the $(i+1) \times (i+1)$ matrix having $k_{\alpha\beta} = K(\alpha, \beta)$ for $0 \leqq \beta \leqq \alpha - 1$ and $k_{\alpha\beta} = 0$ for $0 \leqq \alpha \leqq \beta$, and Γ is defined in a similar way, then $(I - K)^{-1} = I + \Gamma$. Moreover, the matrices corresponding in the same way to the iterated kernels $K^{(k)}$ are precisely the powers K^k of the nilpotent matrix $(k_{\alpha\beta}) = K$.

Corollary 1: *Suppose* $a_i \geqq 0$, $b_i \geqq 0$ *for* $0 \leqq i \leqq N$ *and* $K(i, j) = a_i b_j$. *If* $\{x_i\}$ *satisfies* (2), *then*

$$x_i \leqq \delta_i + a_i \sum_{j=0}^{i-1} \delta_j b_j \prod_{r=j+1}^{i-1} (1 + a_r b_r), \qquad 0 \leqq i \leqq N, \tag{10}$$

and this bound is best possible.

Proof: From the original definition of $K^{(k)}(i, j)$ given in (6), we obtain

$$K^{(k)}(i, j) = a_i b_j \sum_{j<j_{k-1}<\dots<j_1<i} \prod_{\nu=1}^{k-1} a_{j_\nu} b_{j_\nu} \quad \text{for} \quad k \geqq 2 .$$

Hence from (9),

$$\Gamma(i, j) = a_i b_j \{1 + \sum_{k=2}^{i-j} \sum_{j<j_{k-1}<\dots<j_1<i} \prod_{\nu=1}^{k-1} a_{j_\nu} b_{j_\nu}\} = a_i b_j \prod_{r=j+1}^{i-1} (1 + a_r b_r),$$

whence (10) follows from (8').

The result (10) is contained implicitly in Lemma 3 of G. S. JONES [4], and explicitly as Theorem 1 of B. G. PACHPATTE [14]. The special case with $a_i \equiv 1$ was given earlier by S. SUGIYAMA [17], and a slightly less precise version appears in J. CHANDRA and B. A. FLEISCHMAN [2].

To obtain a cruder upper bound, let $\mathcal{P}_{k-1}$ denote the set of all permutations $(j_1, j_2, \dots, j_{k-1})$ of integers chosen from $\{j+1, j+2, \dots, i-1\}$. Then

$$(k-1)!\, K^{(k)}(i, j) = a_i b_j \sum_{(j_1, \dots, j_{k-1}) \in \mathcal{P}_{k-1}} \prod_{\nu=1}^{k-1} a_{j_\nu} b_{j_\nu} \leqq$$

$$\leqq a_i b_j \sum_{j_1=j+1}^{i-1} \sum_{j_2=j+1}^{i-1} \dots \sum_{j_{k-1}=j+1}^{i-1} (a_{j_1} b_{j_1}) \dots (a_{j_{k-1}} b_{j_{k-1}}) = a_i b_j \left(\sum_{\nu=j+1}^{i-1} a_\nu b_\nu \right)^{k-1},$$

so that

$$K^{(k)}(i, j) \leqq a_i b_j \left(\sum_{\nu=j+1}^{i-1} a_\nu b_\nu \right)^{k-1} / (k-1)! \quad \text{for} \quad k \geqq 1 .$$

Hence, if all $\delta_j \geqq 0$, it follows from (8'), (9) that

$$x_i \leqq \delta_i + a_i \sum_{j=0}^{i-1} \delta_j b_j \sum_{k=1}^{i-j} \left(\sum_{\nu=j+1}^{i-1} a_\nu b_\nu \right)^{k-1} / (k-1)! . \tag{11}$$

From this the usual crude upper bound follows, namely

$$x_i \leqq \delta_i + a_i \sum_{j=0}^{i-1} \delta_j b_j \exp \left(\sum_{\nu=j+1}^{i-1} a_\nu b_\nu \right), \qquad 0 \leqq i \leqq N . \tag{12}$$

This bound also follows directly from (10) by using the obvious inequality $1 + a_r b_r \leqq \exp(a_r b_r)$. The special case $a_i \equiv 1$ of (12) appears in W. T. Reid [16; p. 15]; see also Beesack [1; p. 93]. More general (including nonlinear) inequalities of this kind were also given recently by J. Popenda and J. Werbowski [15].

For the special case $\beta = \gamma = 0$, $\delta_i = \delta > 0$, $A > 0$ considered in Lemma 2 of [10], we need only take $a_i = A$, $b_i = 1$ above to obtain the bounds

$$x_i \leqq \delta\{1 + A \sum_{j=0}^{i-1} (1 + A)^{i-j-1}\} < \delta\{1 + A \sum_{j=0}^{i-1} e^{(i-j-1)A}\} = \delta\{1 + A(e^{iA} - 1)\, e^{-A}\} < \delta\, e^{iA}.$$

Even the last bound is an improvement of that given by (1.2) in [10]. Early versions of inequalities of this kind can also be found in M. Lees [7, 8] and in T. E. Hull and W. A. J. Luxemburg [3; p. 36].

3. The special case (1)

We now return to the special kernel

$$K(i, j) = A j^\gamma / (i^\alpha - j^\alpha)^\beta, \qquad 0 \leqq j < i < N, \tag{13}$$

of the inequality (1). In order to not interrupt the main thread of the argument, we begin by proving the following lemmas which give upper bounds for certain sums which appear later.

Lemma 1: *If $B(p, q)$, $p, q > 0$, denotes the beta function, then*

$$\sum_{j_1=0}^{i-1} j_1^x/(i^\alpha - j_1^\alpha)^{\beta'} \leqq \alpha^{-1} i^{x+1-\alpha\beta'} B[1 - \beta', \alpha^{-1}(1 + x)], \qquad i \geqq 1, \tag{14}$$

provided $\alpha > 0$, and either $0 \leqq \beta' < 1$, $x > -1$, or $\beta' \leqq 0$, $-1 < x \leqq 0$.

Proof: Define the function $g(s)$ on $(0, i)$ by

$$g(s) = s^x (i^\alpha - s^\alpha)^{-\beta'}.$$

If $x \geqq 0$, $\alpha > 0$, $0 \leqq \beta' < 1$, $g(s)$ is nondecreasing on $(0, i)$, whence

$$\sum_{j_1=0}^{i-1} g(j_1) \leqq \int_0^i g(s)\, ds. \tag{15}$$

If $x \leqq 0$, $\alpha > 0$, $\beta' \leqq 0$, $g(s)$ is nonincreasing on $(0, i)$ and (15) still holds. Finally, if $x < 0$, $\alpha > 0$, $0 < \beta' < 1$, we compute

$$g'(s) = s^{x-1} (i^\alpha - s^\alpha)^{-\beta'-1} \{x i^\alpha - (x - \alpha\beta')\, s^\alpha\},$$

and note that $g'(s)$ has a single zero at a point $s_0 \in (0, i)$. Since g is decreasing on $(0, s_0]$ and increasing on $[s_0, i)$, we see that (15) also holds in this case. (cf. [10; Fig. 1].)

Now, in order for the integral in (15) to be finite, we also assume that $x > -1$. In the integral we make the change of variable $s^\alpha = i^\alpha u$, $0 \leqq u \leqq 1$, to obtain (14).

Lemma 2: *If $0 \leqq j \leqq i - 1$, then*

$$\sum_{j_1=j+1}^{i-1} j_1^a (i^\alpha - j_1^\alpha)^{-\beta} (j_1^\alpha - j^\alpha)^{-\beta'} \leqq \int_j^i s^a (i^\alpha - s^\alpha)^{-\beta} (s^\alpha - j^\alpha)^{-\beta'}\, ds \tag{16}$$

provided

a) *$j = 0$, and either $\alpha > 0$, $0 < \beta < 1$, $\alpha\beta' < 1 + a$, or $\alpha > 0$, $\beta \leqq 0$, $a \leqq \alpha\beta' < 1 + a$;*

or

b) *$j \geqq 1$, and either $\alpha > 0$, $0 < \beta < 1$, $\beta' \in R$, $a \geqq 0$, or $\alpha > 0$, $0 < \beta < 1$, $\beta' > 0$, $a < 0$.*

Proof:

a) In Lemma 1, take $x = a - \alpha\beta'$, and replace β' by β. Then (16) follows from (15) provided $\alpha > 0$ and either $0 \leqq \beta < 1$, $a - \alpha\beta' > 1$, or $\beta \leqq 0$, $-1 < a - \alpha\beta' < 0$.

b) For $j \geqq 1$, set

$$G(s) = s^a (i^\alpha - s^\alpha)^{-\beta} (s^\alpha - j^\alpha)^{-\beta'}, \qquad 1 \leqq j < s < i.$$

In case $a \geqq 0$, $\beta' \leqq 0$, $0 < \beta < 1$, G is the product of three nondecreasing functions, so (16) follows. Suppose $a \geqq 0$, $\beta' > 0$, $0 < \beta < 1$. We calculate

$$G'(s) = s^{a-1} (i^\alpha - s^\alpha)^{-\beta-1} (s^\alpha - j^\alpha)^{-\beta'-1} H(s^\alpha),$$

where $H(t)$ is the quadratic

$$H(t) = [\alpha(\beta + \beta') - a]\, t^2 + [(a - \alpha\beta)\, j^\alpha + (a - \alpha\beta')\, i^\alpha]\, t - a i^\alpha j^\alpha.$$

Clearly G is decreasing on some interval $(j, j + \varepsilon)$ and increasing on some interval $(i - \varepsilon, i)$. Thus $H(s^\alpha)$ is negative on $(j, j + \varepsilon)$ and positive on $(i - \varepsilon, i)$, and so has at least one zero on (j, i). But H clearly can not have two zeros on (j, i), so that for some $s_0 \in (j, i)$, G is decreasing on $(j, s_0]$ and increasing on $[s_0, i)$. Thus, as in Lemma 1, (16) follows in this case.

In case $a < 0$, $\beta' > 0$, $0 < \beta < 1$, the same argument applies, completing the proof of b).

For the case $a = \alpha - 1, \alpha > 0, \beta < 1, \beta' < 1$, the change of variable $s^\alpha = j^\alpha + (i^\alpha - j^\alpha)\,u,\ 0 \leqq u \leqq 1$ gives

$$\int_j^i s^{\alpha-1}(i^\alpha - s^\alpha)^{-\beta}\,(s^\alpha - j^\alpha)^{-\beta'}\,ds = \alpha^{-1}(i^\alpha - j^\alpha)^{1-\beta-\beta'}\,B(1-\beta, 1-\beta')\,. \tag{17}$$

We illustrate the remark made following Theorem 1 by obtaining two different upper bounds for x_i in (1), the first using the Neumann series (4) with the A_k computed from (5), and the second using (8) with the $K^{(k)}$ computed from (7').

Theorem 2: *Let $\{x_j\}$ satisfy the inequalities* (1), *with the kernel given by* (13), *where $A > 0,\ \gamma \geqq 0,\ \alpha > 0$, $0 < \beta < 1$. Then if $\delta_j = \delta j^b$ for $\delta > 0,\ b \geqq 0$, we have*

$$x_i \leqq \delta i^b\,\{1 + \sum_{k=1}^{i}\prod_{n=1}^{k}\{\alpha^{-1}A i^{1+\gamma-\alpha\beta}B[1-\beta, \alpha^{-1}(b + n(1+\gamma-\alpha\beta) + \alpha\beta)]\}\} \tag{18}$$

for $0 \leqq i \leqq N$, provided $\alpha\beta \leqq 1 + \gamma$.

We also have

$$x_i \leqq \delta i^b\{1 + \alpha^{-1}A i^{1-b-\alpha\beta}(i-1)^{b+\gamma}\sum_{k=1}^{i}B[\alpha^{-1}, k(1-\beta)]\prod_{n=1}^{k-1}\{\alpha^{-1}A i^{\alpha(1-\beta)}(i-1)^{\gamma+1-\alpha}\,B[1-\beta, n(1-\beta)]\}\} \tag{19}$$

for $0 \leqq i \leqq N$, provided $1 \leqq \alpha \leqq \gamma + 1$.

Proof: First we show, by induction on k that for $1 \leqq k \leqq i$ we have

$$A_k(i, \{\delta j^b\}) \leqq \delta i^b(A/\alpha)^k\prod_{n=1}^{k} i^{1+\gamma-\alpha\beta}B[1-\beta, \alpha^{-1}(b + n(1+\gamma-\alpha\beta) + \alpha\beta)]\,. \tag{20}$$

For $k = 1$, it follows from (3) or (5) that

$$A_1(i) = \delta A\sum_{j_1=0}^{i-1}\frac{j_1^{b+\gamma}}{(i^\alpha - j_1^\alpha)^\beta} \leqq \delta A\alpha^{-1}i^{1+b+\gamma-\alpha\beta}B[1-\beta, \alpha^{-1}(1+b+\gamma)]\,,$$

where we also used Lemma 1 with $x = b + \gamma \geqq 0$. Now suppose (20) is valid for some k, $1 \leqq k \leqq i - 1$. By (5),

$$A_{k+1}(i) \leqq \sum_{j_1=0}^{i-1}A j_1^\gamma(i^\alpha - j_1^\alpha)^{-\beta}\,\delta j_1^b\left(\frac{A}{\alpha}\right)^k\prod_{n=1}^{k}\{j_1^{1+\gamma-\alpha\beta}B[1-\beta, \alpha^{-1}(b + n(1+\gamma-\alpha\beta) + \alpha\beta)]\} =$$

$$= \delta A(A/\alpha)^k\prod_{n=1}^{k}B[1-\beta, \alpha^{-1}(b + n(1+\gamma-\alpha\beta) + \alpha\beta)]\sum_{j_1=0}^{i-1}j_1^{b+\gamma+k(1+\gamma-\alpha\beta)}(i^\alpha - j_1^\alpha)^{-\beta} \leqq$$

$$\leqq \delta A(A/\alpha)^k\prod_{n=1}^{k}B[1-\beta, \alpha^{-1}(b + n(1+\gamma-\alpha\beta) + \alpha\beta)]\,\alpha^{-1}\times$$

$$\times\, i^{1+b+\gamma+k(1+\gamma-\alpha\beta)-\alpha\beta}B[1-\beta, \alpha^{-1}(1 + b + \gamma + k(1+\gamma-\alpha\beta))]$$

which reduces to (20) with k replaced by $(k + 1)$, since $1 + b + \gamma + k(1 + \gamma - \alpha\beta) = b + (k + 1)\,(1+\gamma-\alpha\beta)+\alpha\beta$. Now (18) follows from (4) and (20).

To prove (19), we first show by induction on k that for $1 \leqq k \leqq i$,

$$K^{(k)}(i, j) \leqq \alpha\left(\frac{A}{\alpha}\right)^k\prod_{n=1}^{k-1}\{(i-1)^{\gamma+1-\alpha}\,B[1-\beta, n(1-\beta)]\}\,j^\gamma(i^\alpha - j^\alpha)^{k(1-\beta)-1}\,, \tag{21}$$

for $0 \leqq j \leqq i - k$. For $k = 1$, (21) reduces to (13), with equality. Suppose (21) is valid for some k, $1 \leqq k \leqq i - 1$. By (7'),

$$K^{(k+1)}(i, j) \leqq \alpha A\left(\frac{A}{\alpha}\right)^k j^\gamma\sum_{j_1=j+k}^{i-1}j_1^\gamma(i^\alpha - j_1^\alpha)^{-\beta}\,(j_1^\alpha - j^\alpha)^{k(1-\beta)-1}\prod_{n=1}^{k-1}\{(j_1-1)^{\gamma+1-\alpha}\,B[1-\beta, n(1-\beta)]\} \leqq$$

$$\leqq \alpha A\left(\frac{A}{\alpha}\right)^k\prod_{n=1}^{k-1}\{(i-1)^{\gamma+1-\alpha}\,B[1-\beta, n(1-\beta)]\}\,j^\gamma(i-1)^{\gamma+1-\alpha}\sum_{j_1=j+k}^{i-1}j_1^{\alpha-1}(i^\alpha - j_1^\alpha)^{-\beta}\,(j_1^\alpha - j^\alpha)^{k(1-\beta)-1}\,.$$

We may now apply (16) of Lemma 2, with $a = \alpha - 1 \geqq 0$ and $\beta' = k(\beta - 1) + 1$, followed by (17). The right side of the last inequality then reduces to the right side of (21), with k replaced by $(k + 1)$.

Now by (8), with $\delta_j = \delta j^b$, and (21) we obtain

$$x_i \leqq \delta i^b + \alpha\delta\sum_{k=1}^{i}\left(\frac{A}{\alpha}\right)^k\prod_{n=1}^{k-1}\{(i-1)^{\gamma+1-\alpha}\,B[1-\beta, n(1-\beta)]\}\cdot\sum_{j=0}^{i-k}j^{b+\gamma}(i^\alpha - j^\alpha)^{k(1-\beta)-1}\,.$$

We may not use Lemma 1 to estimate the last sum unless $k(1 - \beta) < 1$ (or $b + \gamma = 0$) which is not the case for large k. However,

$$\sum_{j=0}^{i-k}j^{b+\gamma}(i^\alpha - j^\alpha)^{k(1-\beta)-1} \leqq (i-1)^{b+\gamma}\sum_{j=0}^{i-1}(i^\alpha - j^\alpha)^{k(1-\beta)-1} \leqq \alpha^{-1}(i-1)^{b+\gamma}\,i^{1+\alpha[k(1-\beta)-1]}B[\alpha^{-1}, k(1-\beta)]$$

where we did use Lemma 1, with $x = 0$. If we make this substitution above we finally obtain (19).

Remark 1: For $i = 0$, both (18) and (19) give the (best) bound $x_0 \leqq \delta$ (if $b = 0$) or $x_0 \leqq 0$ (if $b > 0$). The bound (19) holds only under the more restrictive conditions $1 \leqq \alpha \leqq \gamma + 1$, in which case $\alpha\beta < \gamma + 1$ holds. For $i = 1$, (19) is better than (18) at least when $b + \gamma > 0$. However for $i > 1$ the two bounds are not easily comparable in the case $1 \leqq \alpha \leqq \gamma + 1$ when both apply. For if we write (18), (19) in the form

$$x_i \leqq \delta i^b\{1 + \alpha^{-1}Ai^{1+\gamma-\alpha\beta} \sum_{k=1}^{i} B[1-\beta, \alpha^{-1}(b + k(1+\gamma-\alpha\beta) + \alpha\beta)] \cdot \prod_{n=1}^{k-1} A_n\}, \tag{18'}$$

$$x_i \leqq \delta i^b\{1 + \alpha^{-1}Ai^{1-b-\alpha\beta}(i-1)^{b+\gamma} \sum_{k=1}^{i} B[\alpha^{-1}, k(1-\beta)]. \prod_{n=1}^{k-1} B_n\}, \tag{19'}$$

then

$$A_n = \alpha^{-1}Ai^{1+\gamma-\alpha\beta}B[1-\beta, \alpha^{-1}(b + n(1+\gamma+\alpha\beta) - \alpha\beta)],$$
$$B_n = \alpha^{-1}Ai^{\alpha(1-\beta)}(i-1)^{\gamma+1-\alpha}\, B[1-\beta, n(1-\beta)].$$

The factors $i^{1-b-\alpha\beta}(i-1)^{b+\gamma}$ ($\leqq i^{1+\gamma-\alpha\beta}$) and $i^{\alpha(1-\beta)}(i-1)^{\gamma+1-\alpha}$ ($\leqq i^{1+\gamma-\alpha\beta}$) appearing in (19') are smaller than the corresponding factors of (18'). On the other hand, we have

$$\alpha^{-1}(b + n(1+\gamma-\alpha\beta) + \alpha\beta) > n(1-\beta), \qquad \alpha\beta < 1+\gamma,$$

for our parameter range, so that

$$B[1-\beta, \alpha^{-1}(b + n(1+\gamma-\alpha\beta) + \alpha\beta)] < B[1-\beta, n(1-\beta)], \qquad n = 1, 2, \dots \tag{22}$$

In case we have $\alpha^{-1} \leqq 1-\beta$ (which holds if $\alpha \geqq \gamma + 2$) we will also have

$$B[1-\beta, \alpha^{-1}(b + k(1+\gamma-\alpha\beta) + \alpha\beta)] < B[\alpha^{-1}, k(1-\beta)].$$

Remark 2: In order to further bound the sums appearing in (18'), (19'), we observe that it is easy to show by induction that

$$\prod_{n=1}^{k-1} B[1-\beta, n(1-\beta)] = (\Gamma(1-\beta))^k/\Gamma(k(1-\beta)), \qquad 0 \leqq \beta < 1, \qquad k = 1, 2, \dots \tag{23}$$

Moreover, for all $x > 0$, we have (cf. [12; p. 288])

$$\Gamma(x) = x^{-1}\Gamma(x+1) > x^{-1}\sqrt{2\pi}\,(x+1)^{x+1/2}\,e^{-(x+1)},$$

whence (23) yields

$$\prod_{n=1}^{k-1} B[1-\beta, n(1-\beta)] < e\,\{[k(1-\beta)+1]/2\pi\}^{1/2}\,\{e^{1-\beta}\,\Gamma(1-\beta)/[k(1-\beta)+1]^{1-\beta}\}^k \tag{24}$$

for $0 \leqq \beta < 1$, $k = 1, 2, \dots$. The right side of (24) is clearly less than the kth term of a convergent geometric series for large k and, in particular, tends to 0 as $k \to \infty$. In view of (22) we see that a corresponding result holds for the sum in (18') when $\alpha\beta < 1 + \gamma$. This shows that when $\alpha\beta < 1 + \alpha$ (hence when $1 \leqq \alpha \leqq 1 + \alpha$) the parts of the bounds (18), (19) not depending on $\delta_i = \delta i^b$ are bounded as $i \to \infty$. (See the final paragraph of the Introduction.) When $\alpha\beta = 1 + \alpha$ only (18) applies. The sum appearing in (18) is $\sum_{k=1}^{i} [A\alpha^{-1}B(1-\beta, \beta + b\alpha^{-1})]^k$ which is unbounded for $A \geqq \alpha/B(1-\beta, \beta + b\alpha^{-1})$. However, this only reflects the fact that when $\alpha\beta = 1 + \gamma$ (with $\alpha > 0$, $0 < \beta < 1$, $\gamma \geqq 0$), the corresponding continuous equation (1') has no solution, at least if $\delta(t) \geqq \delta_0 > 0$ and $A \geqq \alpha/B(1-\beta, \beta)$. For, suppose (1') then had a solution $x(t)$, so that $x(t) \geqq \delta_0$. A change of variables $s = u^{1/\alpha}$, $t = v^{1/\alpha}$, $X(v) = x(v^{1/\alpha})$, followed by $u = vr$, then would imply

$$X(v) \geqq \delta_0 + \left(\frac{A}{\alpha}\right)\int_0^{v^{(1/\alpha)-1}} r^{\beta-1}(1-r)^{-\beta}\,X(vr)\,dr \geqq \delta_0 + \left(\frac{A}{\alpha}\right)\int_0^1 r^{\beta-1}(1-r)^{-\beta}\,X(vr)\,dr$$

for $0 \leqq v \leqq 1$. By successive iterations of this inequality it follows that for all $i \geqq 0$ we have

$$x(t^\alpha) = X(v) \geqq \delta_0 \sum_{k=0}^{i} [A\alpha^{-1}B(1-\beta, \beta)]^k, \qquad 0 \leqq t \leqq 1.$$

This proves the above assertion, and illustrates the appropriateness of the bound (18).

Further estimates of this kind could be given, but we shall only give one more such estimate for the cases of (18), (19) which correspond to the special cases (ii) $\alpha = 1$, $\gamma = 0$, $\delta_i \equiv \delta$ and (iii) $\alpha = (n+1)/n$, $\beta = n/(n+1)$, $\gamma = 0$, $\delta_i \equiv \delta$, of (1) considered by McKee [10].

Corollary 2: *Suppose $\{x_i\}$ satisfies the inequalities*

$$x_i \leqq \delta + A \sum_{j=0}^{i-1} x_j/(i-j)^\beta, \qquad 0 \leqq i \leqq N, \tag{25}$$

where δ, $A > 0$ and $0 < \beta < 1$. Then

$$x_i \leqq \delta\{1 + Ai^{1-\beta} \sum_{k=1}^{i} B[1-\beta, k(1-\beta) + \beta] \prod_{r=1}^{k-1} (Ai^{1-\beta}B[1-\beta, r(1-\beta) + \beta])\}, \tag{26}$$

and

$$x_i \leqq \delta\{1 + Ai^{1-\beta}/(1-\beta) \cdot \sum_{k=1}^{i} k^{-1} \prod_{r=1}^{k-1} (Ai^{1-\beta}B[1-\beta, r(1-\beta)])\} \tag{27}$$

for $0 \leqq i \leqq N$.

This follows directly from (18') and (19') on taking $b = \gamma = 0$, $\alpha = 1$ in Theorem 2, and noting that $B[1, k(1-\beta)] = [k(1-\beta)]^{-1}$. These bounds are not readily comparable with that given in [10, Lemma 4], because the latter bound involves an additional parameter (n) which does not appear in (25). (An examination of the proof in [10] shows that $(n-1)$ is the order of the first iterated kernel which is bounded by a constant for $0 \leqq j \leqq i-1 \leqq N-1$.) We may obtain a cruder, simpler bound than that in (27), for example, by using the obvious inequalities

$$\sum_{k=1}^{i} \prod_{r=1}^{k-1} \alpha_r \leqq \prod_{r=1}^{i-1} (1+\alpha_r) \leqq \exp\left(\sum_{r=1}^{i-1} \alpha_r\right)$$

valid for all $i \geqq 1$, $\alpha_r \geqq 0$. Using this, (27) yields

$$x_i \leqq \delta\{1 + Ai^{1-\beta}(1-\beta)^{-1} \exp\left(Ai^{1-\beta} \sum_{r=1}^{i-1} B[1-\beta, r(1-\beta)]\right)\} \tag{27'}$$

for $0 \leqq i \leqq N$. However, for large i this is a rather poor estimate since $B(a, ra) = O(r^{-a})$ as $r \to \infty$.

Corollary 3: *Suppose $\{x_i\}$ satisfies the inequalities*

$$x_i \leqq \delta + A \sum_{j=0}^{i-1} jx_j/(i^\alpha - j^\alpha)^\beta, \quad 0 \leqq i \leqq N, \tag{28}$$

where $\delta, A > 0, \alpha > 1, \alpha\beta = 1$. Then

$$x_i \leqq \delta\{1 + \beta Ai \sum_{k=1}^{i} B[1-\beta, (k+1)\beta] \prod_{r=1}^{k-1} (\beta AiB[1-\beta, (r+1)\beta])\} \tag{29}$$

for $0 \leqq i \leqq N$. In addition, if also $1 < \alpha \leqq 2$, then

$$x_i \leqq \delta\{1 + \beta A(i-1) \sum_{k=1}^{i} B[\beta, k(1-\beta)] \prod_{r=1}^{k-1} (\beta A(i-1)^{2-\alpha} i^{\alpha-1} B[1-\beta, r(1-\beta)])\} \tag{30}$$

for $0 \leqq i \leqq N$.

Estimates of the type (27') may be obtained from (29), (30) in a similar fashion. In [10], only the case $\alpha = (n+1)/n$ was considered.

Remark 3: We conclude by noting that another bound of the form (19) of Theorem 2 can also be obtained by using (7) rather than (7') to obtain an upper bound for $K^{(k)}$ similar to (21). We omit any details and only state that the method is complicated by the fact that it gives

$$K^{(k)}(i, j) \leqq \alpha(A/\alpha)^k D_k \cdot \prod_{n=1}^{k-1} (i-n)^{\gamma+1-\alpha} \cdot j^\gamma (i^\alpha - j^\alpha)^{k(1-\beta)-1},$$

for $0 \leqq j \leqq i-k$, $1 \leqq k \leqq i$, where D_k has the two different representations

$$D_k = \prod_{n=1}^{k-1} B[1-\beta, n(1-\beta)], \quad \text{if} \quad 1 \leqq k \leqq k_0, \qquad D_k = D_{k_0}/(1-\beta)^{k-k_0}, \quad \text{if} \quad k \geqq k_0 + 1,$$

where k_0 is the least integer such that $k_0(1-\beta) \geqq 1$, and $\gamma + 1 \geqq \alpha \geqq 1$. In case we also have $0 \leqq \alpha - 1 \leqq \alpha\beta$, the first form of D_k may be used for all $k \geqq 1$. The integer k_0 is that denoted by n in [10; Lemma 4].

References

1 BEESACK, P. R., Gronwall Inequalities, Carleton Mathematical Lecture Notes No. 11, May 1975.
2 CHANDRA, J.; FLEISCHMAN, B. A., On a generalization of the Gronwall-Bellman lemma in partially ordered Banach spaces, J. Math. Anal. Appl. **31** (1970) 668–681.
3 HULL, T. E.; LUXEMBURG, W. A. J., Numerical methods and existence theorems for ordinary differential equations, Numer. Math. **2** (1960) 30–41.
4 JONES, G. S., Fundamental inequalities for discrete and discontinuous functional equations, SIAM Journ. **12** (1964) 43–57.
5 KERSHAW, D., Some results for Abel-Volterra integral equations of the second kind, in: BAKER, C. T. H.; MILLER, G. F. (eds.), Treatment of Integral Equations by Numerical Methods, Academic Press, London, New York 1982, pp. 273–282.
6 KERSHAW, D., The stability of a numerical method for a second kind Abel equation, ibid. pp. 459–461.
7 LEES, M., Approximate solutions of parabolic equations, SIAM Journ. **7** (1959) 167–183.
8 LEES, M., Energy inequalities for the solutions of ordinary differential equations, Trans. Amer. Math. Soc. **94** (1960) 58–73.
9 LUBICH, CH., On the stability of linear multistep methods for Volterra integral equations of the second kind, in: BAKER, C. T. H.; MILLER, G. F. (eds.), Treatment of Integral Equations by Numerical Methods, Academic Press, London, New York 1982, pp. 233–238.
10 MCKEE, S., Generalised discrete Gronwall lemmas, ZAMM **62** (1982) 429–434.
11 MCKEE, S., A review of linear multistep methods and product integration methods and their convergence analysis for first kind Volterra integral equations, in: BAKER, C. T. H.; MILLER, G. F. (eds.), Treatment of Equations by Numerical Methods, Academic Press, London, New York 1982, pp. 153–161.
12 MITRINOVIĆ, D. S., Analytic Inequalities, Springer, Berlin-Heidelberg-New York 1970.
13 NOBLE, B., The numerical solution of nonlinear integral equations and related topics, in: ANSELONE, P. M., (ed.), Nonlinear Integral Equations, University of Wisconsin Press, Madison 1964, pp. 215–318.
14 PACHPATTE, B. G., On the discrete generalizations of Gronwall's inequality, J. Indian Math. Soc. **37** (1973) 147–156.
15 POPENDA, J.; WERBOWSKI, J., On the discrete analogy of Gronwall lemma, Fasc. Math. **11** (1979) 143–154.
16 REID, W. T., Ordinary Differential Equations, Wiley, New York-London 1971.
17 SUGIYAMA, S., On the stability problems of difference equations, Bull. Sci. Engr. Research Lab. Waseda Univ. **45** (1969) 140 to 144.

Received July 19, 1983, final version October 1, 1984

Address: Dr. PAUL R. BEESACK, Professor of Mathematics, Carleton University, Department of Mathematics and Statistics, Arts Tower, Ottawa, Canada K1S5B6

BOOK REVIEWS

Hromadka, T. V., II, The Complex Variable Boundary Element Method. Berlin-Heidelberg-New York-Tokyo, Springer-Verlag 1984. XI, 243 S., DM 44,–. ISBN 3-540-13743-2 (Lecture Notes in Engineering 9)

Die vom Autor im Buch beschriebene Methode basiert wesentlich auf der Zusammenführung von funktionentheoretisch-analytischem Gedankengut (Theorie der analytischen Funktionen, Satz und Formel von Cauchy, Cauchy-Riemannsche Differentialgleichungen usw.) mit modernen numerischen Diskretisierungsverfahren (Netztechnik, finite Randelemente). Die behandelte Aufgabe besteht letztlich in der Lösung der Potentialgleichung bei Randbedingungen vom Dirichletschen oder Neumannschen Typ. Dazu wird der von der Funktionentheorie her bekannte Zusammenhang zwischen analytischen Funktionen und harmonischen Funktionen ausgenutzt. Mittels des Cauchyschen Integralsatzes kann aus den bekannten Werten auf dem Rand die analytische Funktion im Innern des Gebietes bestimmt werden. Der numerische Algorithmus geht dabei von einer Approximation des Randes aus, wie er bei den Randelementmethoden (BEM) üblich ist. Diese recht einfache Grundidee führt zu recht brauchbaren Lösungen. Leider wurde sie hier nur zur Lösungskonstruktion der klassischen Laplace-Gleichung ausgenutzt, obwohl durchaus die Möglichkeit der Erweiterung auf allgemeinere elliptische Probleme gegeben ist, z. B. auf die Probleme der Elastizitätstheorie (Elstostatik), wenn anstelle des Cauchyschen Satzes z. B. die Formeln von Kolosow und Muschelischwili als analytische Grundlage genommen werden, was letztlich zur Lösung der Bipotentialgleichung führt, wie das aus der ebenen Elastizitätstheorie bekannt ist. Der im vorliegenden Buch behandelte Anwendungsbereich ist folglich recht eng, da überdies zur Lösung der Laplace-Gleichung ausgereifte Lösungsverfahren und eine entwickelte Computer-Software zur Verfügung stehen.

Die Darstellung ist etwas breit und hätte wesentlich gestrafft werden können. Auf den ersten 50 Seiten werden zunächst die elementaren Grundlagen der Funktionentheorie dargelegt. Dadurch ist der Leserkreis dem Anliegen der Serie der „Lecture Notes" für den Ingenieur entsprechend gekennzeichnet. Positiv ist dabei auch zu vermerken, daß kleinere Programme (in FORTRAN IV) enthalten sind, die auf jedem modernen Kleinrechner behandelbar sein sollten. Dafür eignet sich die Methode sicher auch vorzüglich.

Das Buch ist sicher nicht als Standardwerk der Randintegralmethoden anzusehen. Es kann aber durchaus für Fachkollegen mit vorwiegend analytischer Orientierung Anregungen geben, eine sinnvolle Verbindung von Analytik und Numerik bis hin zur Rechentechnik herzustellen.

Karl-Marx-Stadt B. Michel

Stokes, V. K., Theories of Fluids with Microstructure. An Introduction. Berlin-Heidelberg-New York-Tokyo, Springer-Verlag 1984. XI, 209 S., 44 Abb., DM 88,–. US $ 39.90. ISBN 3-540-13708-4

Gegenstand des Buches sind verschiedene Theorien verallgemeinerter zäher Flüssigkeiten, die alle darauf hinauslaufen, daß bei der Formulierung des Momentensatzes einige Annahmen fallengelassen werden, die in der klassischen Hydrodynamik als selbstverständlich gelten. Um der Darstellung einen Lehrbuchcharakter zu geben, sind in den ersten beiden Kapiteln die Grundbegriffe der Kontinuumsmechanik behandelt. Dabei wird auch auf thermodynamische Zusammenhänge eingegangen, insbesondere auf den 2. Hauptsatz wegen seiner Bedeutung für die in den späteren Kapiteln erörterten Konstitutivgleichungen.

Im einzelnen werden besprochen: Couplestress fluids, anisotrope Flüssigkeiten, Mikroflüssigkeiten und als deren wesentlicher Spezialfall mikropolare Flüssigkeiten.

Bei den couple stress fluids sind in der Momentanbilanz Oberflächen- und Volumendrehmomente zugelassen, diese Flüssigkeiten besitzen aber keine Mikrostruktur. Die entstehenden Bewegungsgleichungen werden auf einfache Fälle wie Couette- und Poiseuilleströmung angewandt. Für einige Stoffkonstanten ergeben sich Formeln, die zu ihrer experimentellen Bestimmung, dienen können. Die auf I. L. Ericksen zurückgehende Theorie der anisotropen Flüssigkeiten, u. a. vorgesehen zur Beschreibung flüssiger Kristalle, betrachtet das Medium aus hantelförmigen Teilchen zusammengesetzt, jedem Punkt ist eine von der Geschwindigkeit unabhängige Eigendrehung (Spin) zugeordnet.

In der Theorie der Mikroflüssigkeiten von Eringen besteht jedes Makroelement aus sehr vielen Mikroelementen, von denen jedes die Freiheitsgrade eines deformierbaren — in der mikropolaren Theorie eines starren — Körpers besitzt. Es wird dann ein Mittelungsprozeß durchgeführt. Zum Geschwindigkeitsvektor kommt hier noch ein Drehtensor (gyration tensor), der sich im mikropolaren Fall zu einem Pseudovektor spezialisiert. Während die allgemeine Theorie der mikromorphen Flüssigkeiten ein sehr umfangreiches Gleichungssystem liefert, das praktisch kaum zu handhaben ist, können mit der mikropolaren Theorie konkrete Fälle wie z. B. die inkompressible Rohrströmung behandelt werden. Verf. sagt, man könne mit diesen Theorien auch die Strömung von Suspensionen und allgemein Turbulenz beschreiben.

Es wird kapitelweise und am Schluß eine umfangreiche Literatur von Spezialarbeiten zitiert.

Berlin J. Förste

Horsthemke, W. / Kondepudi, D. K. (eds.), Fluctuations and Sensitivity in Nonequilibrium Systems. Proceedings, Austin, Texas, 1984. Berlin-Heidelberg-New York-Tokyo, Springer-Verlag 1984. IX, 273 S., 108 Abb., DM 79,–. US $ 27.80. ISBN 3-540-13736-X (Springer Proceedings in Physics 1)

„To bring together theoreticians and experimentalists in order to delineate the major open problems and to formulate strategies to tackle these problems", eins der Hauptziele der Konferenz, spiegelt sich auch in der vorliegenden Druckfassung der invited lectures und einer Auswahl der contributed papers und posters wider. Hervorragende Fachvertreter verbinden eine Beschreibung des gegenwärtigen Standes mit Hinweisen auf neue Ergebnisse und Entwicklungstendenzen.

Im Abschnitt Basic Theory berichten I. Prigogine über Irreversibilität und Raum-Zeit-Struktur, L. Arnold über Ljapunovexponenten deterministischer und stochastischer Systeme und die Stabilisierung durch Rauschen, B. J. Matkowsky u. a. über Erstdurchgangszeiten. Der Abschnitt Pattern Formation and Selection behandelt das Einsetzen der Turbulenz (H. S. Greenside), Phasenfluktuationen in chemischen Systemen (D. Walgraef u. a.) und das Einsetzen kritischer Zustände bei räumlichen Strömungsstrukturen (J. P. Gollub) Im Abschnitt Bistable Systems gehen A. T. Rosenberger .u. a. auf optische Bistabilität, J. C. Roux u. a. auf Experimente zu bistabilen chemischen Systemen und E. Ben-Jacob u. a. sowie P. Hanggi auf multi- und bistabile Zustände beim zwangserregten Pendel und anderen Systemen ein. Der Abschnitt Response to Stochastic and Periodic Forcing enthält Beiträge von W. Horsthemke, J. M. Sancho u. a., S. M. Meerkov, F. Moss u. a. und R. Levever u. a. über weißes und anderes Rauschen und die Möglichkeiten der Stabilisierung durch Schwingungen. Im Abschnitt Noise and Deterministic Chaos berichten N. B. Abraham über chaotische Vorgänge in der Quantenoptik, A. Brandstater u. a. über die experimentelle Unterscheidung chaotischer und stochastischer Strömungsvorgänge, J. D. Farmer über Empfindlichkeit gegenüber Parameteränderungen und universale seltsame Attraktoren, R. Kapral u. a. über rauschinduzierte Übergänge zwischen bistabilen Zuständen und A. Arnéodo über stochastische und periodische Erregung beim Übergang zum Chaos. Im Abschnitt Sensitivity in Nonequilibrium Systems schließlich werden allgemeine Beiträge und Anwendungen in Biologie und Chemie von H. Rabitz, D. K. Kondepudi, O. Decroly u. a. und R. Larter u. a. gebracht.

Berlin G. Schmidt

ZAMM · Z. angew. Math. Mech. 65 (1985) 12, 597 – 604

MEYER, A.; DÖHLER, B.

Über simultane Eigenwertalgorithmen beim Schwingungsproblem

Es werden Verfahren zur simultanen Berechnung einiger Eigenwerte und Eigenvektoren dargelegt, die besonders für großdimensionierte, schwach besetzte Matrizen geeignet sind, und es wird auf die Anwendung bei gedämpften und ungedämpften Schwingungsproblemen eingegangen.

Algorithms for the simultaneous calculation of some eigenvalues and eigenvectors especially for large sparse matrices are considered. The methods are applied to problems of damped and undamped vibration analysis.

Данное выгодные для больших разрешенных матриц алгоритмы одновременного вычисления некоторых собственных значений и векторов, рассматривается применение этих методов в задачах о заглушенных и незаглушенных колебаниях.

1. Einleitung und Grundlagen

Im vorliegenden Artikel werden einige Verfahren zur simultanen Eigenwertberechnung und ihre Anwendung auf das Schwingungsproblem dargelegt. Hauptanliegen der Arbeit ist erstens eine allgemeine Darstellung der bekannten und gebräuchlichen Simultanen Iteration und deren Ausdehnung auf das gedämpfte Schwingungsproblem. Zweitens werden aus der Klasse der Relaxationsverfahren einige Gradientenverfahren als Alternative zur Simultanen Iteration angeführt, da hiermit eine wesentliche Rechenzeiteinsparung erreicht werden kann. In diese Klasse ordnet sich auch der sehr effektive Lanczos-Algorithmus ein [13], auf den an dieser Stelle nicht näher eingegangen wird, da die Gradientenverfahren außerdem den Vorteil besitzen, unmittelbar das allgemeine Eigenwertproblem ohne eine Transformation der Matrizen betrachten zu können. Dem steht allerdings eine Erhöhung der Iterationszahlen gegenüber, die durch eine frei wählbare „Vorkonditionierungsmatrix" C abgeschwächt werden kann.

Für eine allgemeine und einheitliche Beschreibung der verschiedenen Verfahren ist es günstig, anstelle des $\mathbb{R}^n$ (bzw. $\mathbb{C}^n$) einen endlichdimensionalen Hilbertraum $\mathbb{H}$ mit dem Skalarprodukt $\langle x, y\rangle$ für alle $x, y \in \mathbb{H}$ und Eigenwertprobleme für lineare Operatoren $\mathcal{A}$ in $\mathbb{H}$ zu betrachten.

Ausführlich sind die theoretischen Grundlagen hierzu in [12] angeführt, wo auch alle weiteren Details der später vorgeschlagenen Algorithmen eingehend behandelt sind.

Um die simultane Darlegung der Eigenwertalgorithmen zu erleichtern, wird für beliebiges m der Hilbertraum

$$\mathbb{H}^m = \{X = (x_1, \dots, x_m) : x_i \in \mathbb{H}, i = 1, \dots, m\}$$

der m-Tupel von Elementen aus $\mathbb{H}$ mit dem Skalarprodukt

$$\langle X, Y\rangle = \sum_{i=1}^{m} \langle x_i, y_i\rangle$$

eingeführt. Für eine kurze Schreibweise werden die Anwendung der Operatoren $\mathcal{A}$ oder $\mathcal{B}$ auf $X \in \mathbb{H}^m$ durch

$$Y = \mathcal{A}X \in \mathbb{H}^m \quad \text{mit} \quad y_j = \mathcal{A}x_j\,, \qquad j = 1, \dots, m\,,$$

und die Multiplikation von X mit einer $(m \times r)$-Matrix $T = (t_{ij})$ als

$$Y = XT \in \mathbb{H}^r \quad \text{mit} \quad y_j = \sum_{i=1}^{m} t_{ij}x_i\,, \qquad j = 1, \dots, r\,,$$

definiert. Ebenso ergibt sich eine kompakte Darstellung von Matrizen, deren Elemente Skalarprodukte sind, indem

$$H = [X, Y]\,, \qquad X \in \mathbb{H}^m\,, \qquad Y \in \mathbb{H}^r$$

die $(r \times m)$-Matrix mit den Elementen

$$h_{ij} = \langle x_j, y_i\rangle\,, \qquad i = 1, \dots, r\,, \qquad j = 1, \dots, m\,,$$

sei.

Wichtige Eigenschaften dieser bilinearen Abbildung von $\mathbb{H}^m \times \mathbb{H}^r$ in den Raum der $(r \times m)$-Matrizen sind

1. $[X, Y] = [Y, X]^*$,
2. $[XT, Y] = [X, Y]\,T$, für beliebige $(m \times s)$-Matrizen T,
3. $[\mathcal{A}X, Y] = [X, \mathcal{A}^*Y]$

für alle $X \in \mathbb{H}^m$ und $Y \in \mathbb{H}^r$. Stets sollen H^* die konjugiert komplexe transponierte Matrix von H und $\mathcal{A}^*$ den adjungierten Operator von $\mathcal{A}$ in $\mathbb{H}$ bezeichnen.

2. Allgemeine Beschreibung der simultanen Eigenwertberechnungsalgorithmen

2.1. Die Simultane Iteration

Das einfachste Verfahren zur Berechnung einiger betragsgrößter Eigenwerte des Eigenwertproblems

$$\mathcal{A}x = \lambda x$$

ist die simultane Verallgemeinerung der Potenzmethode, die Simultane Iteration [1, 14].

Der Operator $\mathcal{A}$ habe die Eigenwerte

$$|\lambda_1| \geqq \dots \geqq |\lambda_p| > |\lambda_{p+1}| \geqq \dots \geqq |\lambda_n| .$$

Wegen $|\lambda_p| > |\lambda_{p+1}|$ bilden die Eigen- und gegebenenfalls Wurzelvektoren zu den Eigenwerten λ_1 bis λ_p eine Basis des invarianten Unterraumes span Φ_1. Das p-Tupel $\Phi_1 \in \mathbb{H}^p$ enthalte diese Vektoren entsprechend den Eigenwerten geordnet.

Zur Beschreibung des Algorithmus soll der Iterationsindex weggelassen werden. Es sei $X \in \mathbb{H}^p$ die Iterierte des k-ten Iterationsschrittes und $\hat{X}$ die des darauffolgenden $(k + 1)$-ten. Dann besteht ein Schritt der Simultanen Iteration aus der Vorschrift

$$1. \quad Z = \mathcal{A}X , \tag{2.1.1}$$

$$2. \quad \hat{X} = ZT . \tag{2.1.2}$$

Der Hauptaufwand liegt im ersten Teilschritt, während der zweite lediglich eine günstige Basis $\hat{X}$ aus span $Z =$ = span $\hat{X}$ auswählt. Hierzu wurde für normale Iterationsoperatoren $\mathcal{A}$ von McCormick und Noe [9] eine Möglichkeit der Wahl von T angegeben, die in der Anwendung auf das allgemeine Eigenwertproblem (vgl. Abschnitt 3.1.) mit geringem Aufwand zu realisieren ist und die beste Konvergenzgeschwindigkeit der Spalten von X gegen die Eigenvektoren Φ_1 erzeugt, die in dieser Klasse möglich ist. Dieser Algorithmus berechnet die hermitesche Matrix

$$H = [Z, Z] \tag{2.1.3}$$

und löst das vollständige $(p \times p)$-Eigenwertproblem

$$HQ = Q\Delta^2 \tag{2.1.4}$$

mit der Eigenvektormatrix Q und der Diagonalmatrix

$$\Delta = \operatorname{diag}(\delta_1, \dots, \delta_p) . \tag{2.1.5}$$

Hiermit wird die „Normierungsmatrix" als

$$T = Q\Delta^{-1} \tag{2.1.6}$$

gewählt, was stets auf eine Orthonormalbasis $\hat{X}$ führt, das heißt

$$[\hat{X}, \hat{X}] = I$$

Nach [9] ist für diese Iteration bei normalem Operator $\mathcal{A}$ die Konvergenz von δ_i gegen $|\lambda_i|$ gewährleistet, falls beim Start die Matrix $[X, \Phi_1]$ nichtsingulär ist und

$$|\lambda_p| > |\lambda_{p+1}|$$

gilt.

Für nichtnormale Iterationsoperatoren haben Jennings und Stewart [7] zwei Algorithmen angegeben, die zur Berechnung der betragsgrößten Eigenwerte und zugehörigen Vektoren ebensolche Konvergenzeigenschaften besitzen. Allerdings ist der Rechenaufwand pro Iterationsschritt wesentlich höher, weil einerseits zusätzlich zu H die nichthermitesche $(p \times p)$-Matrix $[\mathcal{A}Z, Z]$ berechnet wird, andererseits nichtsymmetrische Eigenwertprobleme zu lösen sind. Um diesen Nachteil zu beseitigen, ist der Algorithmus (2.1.1)—(2.1.6) auf beliebige Iterationsoperatoren ausgedehnt worden.

Die Durchführung des Algorithmus (2.1.1)/(2.1.2) mit der Berechnung von T nach (2.1.3)—(2.1.6) gewährleistet bei beliebigem Iterationsoperator die Konvergenz von span X gegen span Φ_1. Ebenso kann stets für die Zahlen δ_i die Konvergenz gegen feste Zahlen γ_i gezeigt werden [11]. Für beides gilt die bekannte sublineare Konvergenzordnung

$$O\left(k^m \left|\frac{\lambda_{p+1}}{\lambda_p}\right|^k\right), \quad k \text{ Iterationsindex} ,$$

wobei m vom Elementarteilergrad der Eigenwerte von $\mathcal{A}$ abhängt. Bei nichtdefektivem Operator $\mathcal{A}$ (der Normalfall) gilt $m = 0$.

In jedem Fall können die Änderungen der δ_i (von Schritt zu Schritt) als Abbruchkriterium genutzt werden. Außer bei symmetrisch positiv definitem $\mathcal{A}$ ist die folgende Endbehandlung nötig, um die Eigenvektoren aus span $\Phi_1 =$ span X zu berechnen.

Nach Abbruch der Iteration ist der invariante Unterraum span $X =$ span Φ_1 mit $[X, X] = I$ erhalten worden. Somit gilt

$$\mathcal{A}X = XF \tag{2.1.7}$$

mit der Matrix $F = [\mathcal{A}X, X]$, für die einmalig ein eventuell nichtsymmetrisches Eigenwertproblem zu lösen ist:

$$FU = U\Lambda_1 \quad \text{mit} \quad \Lambda_1 = \operatorname{diag}(\lambda_1, \dots, \lambda_p) . \tag{2.1.8}$$

Mit (2.1.8) folgt

$$\mathcal{A}XU = XFU = XU\Lambda_1 ,$$

so daß sich durch

$$\Phi_1 = XU$$

die Eigenvektoren berechnen lassen.

2.2. Simultane Relaxationsverfahren

Für die selbstadjungierten Operatoren $\mathcal{A}$ und $\mathcal{B}$ in $\mathbb{H}$ wird das Operatoreigenwertproblem

$$\mathcal{A}x = \lambda \mathcal{B}x \tag{2.2.1}$$

betrachtet, wobei $\mathcal{B}$ außerdem positiv definit sei. Dann existiert ein p-Tupel $\Phi_1 \in \mathbb{H}^p$ von Eigenelementen zu den p größten der n reellen Eigenwerte

$$\lambda_1 \geqq \lambda_2 \geqq \dots \geqq \lambda_p > \lambda_{p+1} \geqq \dots \geqq \lambda_n$$

mit den Eigenschaften

$$[\mathcal{A}\Phi_1, \Phi_1] = \Lambda_1 = \operatorname{diag}(\lambda_1, \dots, \lambda_p)$$

und

$$[\mathcal{B}\Phi_1, \Phi_1] = I\,.$$

Den Ausgangspunkt für die Berechnung von Φ_1 und Λ_1 bildet das Funktional

$$\varphi(X) = \operatorname{trace}([\mathcal{B}X, X]^{-1}[\mathcal{A}X, X])\,,$$

für alle Tupel $X \in \mathbb{H}^p$ mit linear unabhängigen Elementen (vgl. auch [15]).

Aufgrund der Eigenschaften des Ritzverfahrens [13] für (2.2.1) besitzt das Funktional die Extremaleigenschaft

$$\max_x \varphi(X) = \operatorname{trace}(\Lambda_1) = \varphi(\Phi_1)\,,$$

und zur Bestimmung der gesuchten Eigenwerte kann das Relaxationsprinzip angewendet werden.

Die simultanen Relaxationsverfahren besitzen die Iterationsvorschrift

$$\hat{X} = XQ_{11} + SQ_{21} = (X \vdots S)\,Q_1 \tag{2.2.2}$$

mit dem m-Tupel $S \in \mathbb{H}^m$ als „Suchrichtung" und der Matrix Q_1 der Ordnung $(p+m) \times m$. Die Bedingung

$$\varphi(\hat{X}) = \max_U \varphi((X \vdots S)\,U)$$

ergibt, daß die Spalten von Q_1 die Eigenvektoren zu den p größten Eigenwerten des allgemeinen $(p+m)$-dimensionalen Eigenwertproblems

$$\tilde{A}q = \hat{\delta}\tilde{B}q \tag{2.2.3}$$

mit den Matrizen

$$\tilde{A} = [\mathcal{A}(X \vdots S), (X \vdots S)] \quad \text{und} \quad \tilde{B} = [\mathcal{B}(X \vdots S), (X \vdots S)] \tag{2.2.4}$$

sind.

SCHWARZ beschrieb mit der Simultanen Koordinatengruppenrelaxation eine Möglichkeit zur Wahl von S. Für die Elemente von S werden Einheitsvektoren des Euklidischen Vektorraumes gewählt, so daß sich einfache rechentechnische Realisierungen ergeben. Modifizierungen des Verfahrens entstehen bei einer anderen Berechnung von Q_1, wie beispielsweise der Anwendung von Überrelaxationsparametern oder der Störungsrechnung [16, 6].

Von LONGSINE und MCCORMICK wurden in [8] Algorithmen angegeben und untersucht, in denen für die Suchrichtungen S Gradientenrichtungen differenzierbarer Funktionale verwendet werden. In [3, 4] werden von DÖHLER Prinzipien des Verfahrens der konjugierten Gradienten [2] auf $\varphi(X)$ verallgemeinert und die Iterationsvorschrift

$$(\hat{X} \vdots \hat{W}) = (X \vdots S)\,Q \tag{2.2.5}$$

mit

$$S = G + WT\,, \qquad G = \mathcal{A}X - \mathcal{B}X\Delta_1 \tag{2.2.6), (2.2.7}$$

betrachtet. Dabei entsteht mit Hilfe der $(2p \times 2p)$-Eigenvektormatrix Q des Problems (2.2.3) und der $(p \times p)$-Matrix T aus den zwei p-Tupeln X und W die Tupel $\hat{W}$ und die verbesserte Näherung $\hat{X}$ für die Eigenelemente. Außerdem seien die Spalten von Q stets so normiert, daß

$$[\mathcal{A}(X \vdots W), (X \vdots W)] = \Delta\,, \qquad [\mathcal{B}(X \vdots W), (X \vdots W)] = I \tag{2.2.8}$$

mit der Diagonalmatrix

$$\Delta = \operatorname{diag}(\delta_1, \dots, \delta_p; \delta_{p+1}, \dots, \delta_{2p}) = \operatorname{diag}(\Delta_1, \Delta_2)$$

und

$$\delta_1 \geqq \delta_2 \geqq \dots \geqq \delta_{2p}$$

gilt. Deshalb reduziert sich die Berechnung des Gradienten des Funktionals $\varphi(X)$ auf die Formel (2.2.7). Die Eigenschaften (2.2.8) erlauben die Herleitung einer günstigen Suchrichtung mit Hilfe der Ljapunowgleichung

$$[G, \mathcal{A}W] - [G, \mathcal{B}W]\,\Delta_1 + \Delta_2 T - T\Delta_1 = 0 \tag{2.2.9}$$

zur Bestimmung der Matrix T [4].

Bei diesem Verfahren entstehen durch den Übergang von S zu W zwar keine konjugierten Suchrichtungen, jedoch sichert die Formel (2.2.9) die näherungsweise Maximierung des Funktionals über dem $(3p)$-dimensionalen Unterraum span $(X \vdots G \vdots W)$.

Beim speziellen symmetrischen Eigenwertproblem für $\mathcal{A}$ vereinfachen sich die Formeln wesentlich, da zu der Suchrichtung

$$S = \mathcal{A}X + WT \tag{2.2.10}$$

übergegangen werden kann. Zum Aufstellen der beiden Matrizen $\tilde{A}$ und $\tilde{B}$ des $(2p \times 2p)$-Matrixeigenwertproblems (2.2.3) sind lediglich die beiden symmetrischen $(p \times p)$-Matrizen

$$[\mathcal{A}X, \mathcal{A}X] \quad \text{und} \quad [\mathcal{A}^2X, \mathcal{A}X]$$

nötig (siehe Abschnitt 3.2.). Außerdem können Schlußfolgerungen für die Konvergenzgeschwindigkeit gezogen werden, falls die gesuchten größten Eigenwerte zugleich die betragsgrößten sind.

Das Prinzip der Simultanen Iteration ist die Verbesserung von X durch ein p-Tupel mit Elementen aus span $(\mathcal{A}X)$. Dagegen zeigt die Berechnung der Suchrichtung nach (2.2.10), daß bezüglich der Maximierung des Funktionals φ das optimale p-Tupel mit Elementen aus span $(X : \mathcal{A}X)$ bestimmt wird und ausgehend von X bessere Eigenwertnäherungen erhalten werden. Folglich ist im beschriebenen simultanen Gradientenverfahren für das spezielle Eigenwertproblem eine bessere Konvergenz als bei der Simultanen Iteration zu erwarten.

3. Anwendungen der Verfahren auf Schwingungsprobleme

3.1. Die Simultane Iteration für ungedämpfte Schwingungsprobleme

Als erstes wird die Simultane Iteration zur Berechnung der kleinsten Eigenfrequenzen des Schwingungsproblems

$$(\omega^2 M + K)\, x = 0 \tag{3.1.1}$$

benutzt. Die Substitution $\lambda = -1/\omega^2$ führt auf das spezielle Eigenwertproblem

$$\mathcal{A}x = K^{-1}Mx = \lambda x\,. \tag{3.1.2}$$

Es sind die p größten Eigenwerte gesucht, die bei positiv definiten K und M zusätzlich die betragsgrößten sind. Die Anwendung des Iterationsoperators $\mathcal{A}$ auf einige Vektoren erfordert die Multiplikation mit der Massenmatrix M und die Lösung von Gleichungssystemen mit K, wozu beispielsweise die Choleskyzerlegung $K = R^{\mathsf{T}}R$ dienen kann, die vor Beginn der Iteration berechnet wird. Die günstigen Eigenschaften der Simultanen Iteration in 2.1. werden wirksam, wenn ein Hilbertraum $\mathbb{H}$ konstruiert wird, in dem $\mathcal{A}$ einen normalen Operator darstellt. Mit

$$\mathbb{H} = \{x \in \mathbb{R}^n, \langle x, y\rangle = y^{\mathsf{T}}Px\}$$

ist $\mathcal{A}$ sogar symmetrisch bei

$$P = K \qquad (K \text{ positiv definit})\,, \tag{3.1.3}$$

$$P = M \qquad (M \text{ positiv definit})\,, \tag{3.1.4}$$

$$P = KM^{-1}K \qquad (M \text{ positiv definit})\,. \tag{3.1.5}$$

Der Algorithmus mit (3.1.3) hat bei der Berechnung von H nach (2.1.3) geringfügige Vorteile. Mit $P = K$ ist die Matrix

$$H = [Z, Z] = Z^{\mathsf{T}}KZ = (RZ)^{\mathsf{T}}\,(RZ) \tag{3.1.6}$$

zwischen Vorwärts- und Rückwärtselimination des Gleichungssystems

$$KZ = MX$$

zu erhalten. Mit (3.1.4) ist eine kleine Umstellung im Algorithmus nötig [10]. Die besondere Wahl von P nach (3.1.5) wurde wegen der ebenfalls einfachen Implementierungsmöglichkeit aufgenommen. Hierbei ist die Matrix

$$H = [Z, Z] = Z^{\mathsf{T}}KM^{-1}KZ = (MX)^{\mathsf{T}}\, M^{-1}(MX) = X^{\mathsf{T}}MX \tag{3.1.7}$$

zu berechnen. Somit können in einem Algorithmus beide Möglichkeiten (3.1.6) oder (3.1.7) vorgesehen werden, wobei bei der Anwendung diejenige ausgewählt wird, die der Forderung nach der positiven Definitheit von P gerecht wird. Sind sowohl K als auch M positiv definit, konnte kein unterschiedliches Verhalten dieser Varianten beobachtet werden.

3.2. Simultane Gradientenverfahren für ungedämpfte Schwingungsprobleme

Um das im Abschnitt 2.2. beschriebene simultane Gradientenverfahren auf das ungedämpfte Schwingungsproblem (3.1.1) anzuwenden, kann ein allgemeines Eigenwertproblem $\mathcal{A}x = \lambda\mathcal{B}x$ mit

$$\mathcal{A} = C^{-1}M\,, \qquad \mathcal{B} = C^{-1}K \quad \text{und} \quad \lambda = -1/\omega^2 \tag{3.2.1}$$

betrachtet werden. Dabei ist C eine symmetrische, positiv definite Matrix, durch deren Wahl günstige Konvergenzeigenschaften erreicht werden sollen. Für den Hilbertraum $\mathbb{H}$ der n-dimensionalen reellen Vektoren mit dem Skalarprodukt

$$\langle x, y\rangle = y^{\mathsf{T}}Px \tag{3.2.2}$$

ist die symmetrische, positiv definite Matrix P so festzulegen, daß $\mathcal{A}$ und $\mathcal{B}$ selbstadjungiert sind ($\mathcal{B}$ positiv definit).

Mit

$$C = I \quad \text{und} \quad P = I \quad (K \text{ positiv definit}) \tag{3.2.3}$$

entsteht ein Algorithmus, bei dem die großdimensionierten Matrizen K und M lediglich multiplikativ verwendet werden. Der einfachen rechentechnischen Realisierung steht häufig ein schlechtes Konvergenzverhalten gegenüber.

Die Konvergenzgeschwindigkeit kann verbessert werden, falls

$$C \approx K \quad \text{und} \quad P = C \quad (C, K \text{ positiv definit}) \tag{3.2.4}$$

gesetzt werden, da dann näherungsweise ein spezielles Eigenwertproblem entsteht. Der Algorithmus unterscheidet sich von dem mit (3.2.3) nur durch die Bestimmung des Gradienten.

$$G = C^{-1}(MX - KX\Delta_1)\,,$$

das heißt in der zusätzlichen Lösung eines Gleichungssystems mit C. Konkret kann diese Matrix wie bei der Vorkonditionierung [17] eines großdimensionierten Gleichungssystems mit der Matrix K gewählt werden.

Im Fall $C = K$ entsteht das spezielle Eigenwertproblem (3.1.2), und es können die in 2.2. beschriebenen Vereinfachungen des Algorithmus ausgenutzt werden. Es ergeben sich erneut die Möglichkeiten (3.1.3)–(3.1.5) für die Wahl des Skalarproduktes (3.2.2), von denen die rechentechnisch günstigste auszuwählen ist. Der Algorithmus besteht aus den Schritten

$$S = K^{-1}MX + WT\,, \qquad (\hat{X} \vdots \hat{W}) = (X \vdots S)\,Q \tag{3.2.5}$$

und der Berechnung der Matrizen Q und T, die von der Wahl der Matrix P abhängt.

Bei

$$C = K \quad \text{und} \quad P = KM^{-1}K \quad (M \text{ positiv definit}) \tag{3.2.6}$$

ergeben sich die Matrizen $\tilde{A}$ und $\tilde{B}$ nach den Formeln

$$\tilde{A} = \begin{pmatrix} \Delta_1 & X^{\mathsf{T}}MX \\ X^{\mathsf{T}}MX & X^{\mathsf{T}}MK^{-1}MX + T^{\mathsf{T}}T\Delta_1 + \Delta_1 T^{\mathsf{T}}T - T^{\mathsf{T}}\Delta_2 T \end{pmatrix}$$

und

$$\tilde{B} = \begin{pmatrix} I & \Delta_1 \\ \Delta_1 & X^{\mathsf{T}}MX + T^{\mathsf{T}}T \end{pmatrix},$$

wobei sich T leicht aus der Gleichung

$$W^{\mathsf{T}}MX + \Delta_2 T - T\Delta_1 = 0$$

bestimmen läßt.

Wird die Anwendung von K^{-1} wie bei der Simultanen Iteration mit der Choleskyzerlegung von K auf die Lösung von zwei Dreieckssystemen zurückgeführt, reduziert sich bei der rechentechnischen Realisierung dieses Algorithmus der Speicherbedarf an $(n \times p)$-Rechteckmatrizen auf drei Matrizen. Für den nicht näher betrachteten Sonderfall $T = 0$, das heißt der simultanen Verallgemeinerung des Verfahrens des stärksten Anstiegs, sinkt der Bedarf sogar auf zwei Rechteckmatrizen. Da beim speziellen Eigenwertproblem mit der Suchrichtung (2.2.10) beziehungsweise (3.2.5) die Konvergenz gegen die Eigenvektoren zu fast linear abhängigen Spalten in dem $(2p)$-Tupel $(X \vdots S)$ führt, sind Maßnahmen zur numerischen Stabilisierung dieses Verfahrens notwendig (Verringerung der Spaltenanzahl von S).

3.3. Die Simultane Iteration für gedämpfte Schwingungsprobleme

Da die Anwendungsmöglichkeit der Simultanen Iteration nach Abschnitt 2.1. nicht auf symmetrische Iterationsoperatoren beschränkt ist, kann diese auch zur Berechnung der betragskleinsten Eigenwerte des gedämpften Problems

$$(\omega^2 M + \omega D + K)\,x = 0 \tag{3.3.1}$$

eingesetzt werden. Es seien D eine beliebige, K und M positiv definite Matrizen. Der Sonderfall $D = -D^{\mathsf{T}}$ führt auf eine zu [18] äquivalente Betrachtung.

Mit der Substitution

$$\lambda = -\frac{1}{\omega} \quad \text{und} \quad \tilde{x} = -\omega x \tag{3.3.2}$$

entsteht aus (3.3.1) das System

$$-\omega M\tilde{x} + \omega Dx + Kx = 0\,, \qquad \tilde{x} + \omega x = 0\,, \tag{3.3.3}$$

das mit

$$\mathcal{A}\begin{pmatrix} x \\ \tilde{x} \end{pmatrix} = \begin{pmatrix} K^{-1}D & -K^{-1}M \\ I & O \end{pmatrix}\begin{pmatrix} x \\ \tilde{x} \end{pmatrix} = \lambda \begin{pmatrix} x \\ \tilde{x} \end{pmatrix} \tag{3.3.4}$$

identisch ist. Somit kann $\mathcal{A}$ als Iterationsoperator der Simultanen Iteration dienen, weil nach (3.3.2) dessen betragsgrößte Eigenwerte λ_i den zu berechnenden betragskleinsten Zahlen ω_i entsprechen. Der Hilbertraum $\mathbb{H}$ ist der $2n$-dimensionale komplexe Vektorraum $\mathbb{C}^{2n}$ mit einem besonderen Skalarprodukt. Da bei kleiner Dämpfung stets komplexe Eigenwerte auftreten, ist die Symmetrie von $\mathcal{A}$ für kein Skalarprodukt möglich. Deshalb wird das Skalarprodukt so gewählt, daß für $\mathcal{A}$ ein in H normaler Operator entsteht. Dies ist für

$$P = \begin{pmatrix} K & 0 \\ 0 & M \end{pmatrix} \quad \text{bei} \quad D = -D^{\mathrm{T}}$$

der Fall [11]. Bei schiefsymmetrischem D wird somit der in Abschnitt 2.1. beschriebene Algorithmus die Eigenschaften der Simultanen Iteration nach McCormick und Noe besitzen. Im Fall von FEM-Diskretisierungen unter Berücksichtigung der Dämpfung wird hingegen eine symmetrische positiv definite Dämpfungsmatrix D entstehen, die aber in der Regel klein gegenüber K und M ist. Damit erscheint es sinnvoll, das Skalarprodukt mit $P = \operatorname{diag}(K, M)$ beizubehalten und einen „fast" normalen Iterationsoperator zu verwenden.

Der entstehende Algorithmus verwendet wieder innerhalb des Iterationsprozesses nur reelle Arithmetik und kann auf die Rechnung mit n-dimensionalen Vektoren zurückgeführt werden. Der Hauptaufwand pro Schritt, die Anwendung von $\mathcal{A}$ auf die p-spaltige Matrix

$$X = \begin{pmatrix} X_1 \\ X_2 \end{pmatrix}$$

erfordert im Vergleich zum ungedämpften Problem zusätzlich die multiplikative Verwendung von D.

1. $Z = \mathcal{A}X$

   Dies beinhaltet die folgenden drei Operationen

$$\begin{aligned} &Y = DX_1 - MX_2\,, \\ \text{löse}\quad &KZ_1 = Y\,, \\ &Z_2 = X_1\,. \end{aligned} \tag{3.3.5}$$

2. Berechne $H = [Z, Z] = Z^{\mathrm{T}}PZ = Z_1^{\mathrm{T}}KZ_1 + Z_2^{\mathrm{T}}MZ_2\,,$ (3.3.6)

   löse das symmetrische Eigenwertproblem

$$HQ = Q\Delta^2\,, \tag{3.3.7}$$

$$\hat{X} = ZQ\Delta^{-1}\,. \tag{3.3.8}$$

Der Schritt (3.3.6) stellt keinen wesentlichen Zusatzaufwand dar. Der erste Summand von H kann bei Choleskyzerlegung von K wieder zwischen Vor- und Rückwärtselimination analog (3.1.6) erfolgen. Wird

$$V = MZ_2$$

berechnet, so ist die Multiplikation $M\hat{X}_2$ des darauffolgenden Iterationsschrittes unnötig, weil

$$M\hat{X}_2 = MZ_2Q\Delta^{-1} = VQ\Delta^{-1}$$

gilt. Deshalb wird die Multiplikation in (3.3.8) nur für den Matrixteil $\hat{X}_1$ durchgeführt.

Die Diagonalmatrizen Δ konvergieren gegen eine Diagonalmatrix Γ mit positiven Zahlen, was für ein Abbruchkriterium genutzt werden kann.

Um die Eigenvektoren nach Abbruch der Iteration aus span X ausrechnen zu können, ist folgende einfache Endbehandlung nötig. Nach 3.1. ist die Matrix

$$F = [\mathcal{A}X, X] = X^{\mathrm{T}}P\mathcal{A}X = X_1^{\mathrm{T}}(DX_1 - MX_2) + X_2^{\mathrm{T}}MX_1$$

zu berechnen. Diese Matrix besteht aus dem symmetrischen Anteil

$$X_1^{\mathrm{T}}DX_1$$

und dem schiefsymmetrischen Anteil

$$X_1^{\mathrm{T}}MX_2 - (X_1^{\mathrm{T}}MX_2)^{\mathrm{T}}\,.$$

Bei $D = 0$ (oder schiefsymmetrischem D) ist F schiefsymmetrisch, und die erwarteten rein imaginären Eigenwerte werden berechnet. Zur Lösung des Ausgangsproblems ist es nur nötig, den oberen Teil X_1 mit der Eigenvektormatrix U von F nach (2.1.8) zu multiplizieren. Obwohl U komplexe Vektoren enthält, muß auch hier nicht zur komplexen Arithmetik übergegangen werden, weil die reelle Matrix F konjugiert komplexe Eigenvektoren besitzt, die als Real- und Imaginärteil einzeln verarbeitet werden können. Schließlich enthält die Matrix X_1U Real- und Imaginärteile der Eigenvektoren des Ausgangsproblems (3.1.1).

4. Zu einigen numerischen Ergebnissen

Mit den dargelegten Verfahren wurden in den letzten Jahren umfangreiche Testrechnungen durchgeführt, deren wesentlichste Ergebnisse im folgenden kurz zusammengefaßt werden. Unter anderem ist eine Anzahl dreidimensionaler Schwingungsprobleme betrachtet worden, wobei durch FEM-Diskretisierung mit Balkenelementen (12 Freiheitsgrade) sowie Hexaedern (60 Freiheitsgrade) Eigenwertprobleme von Dimensionen zwischen 200 und mehreren Tausend entstanden.

Bei den meisten Eigenschwingungsberechnungen sind die wirkenden Konvergenzquotienten der Simultanen Iteration nach 3.1. so klein, daß nicht die Notwendigkeit bestand, den schnelleren Algorithmus von 3.2. ($C = K$) anzuwenden. Mit dem simultanen Gradientenverfahren werden einige Iterationsschritte eingespart, aber wegen des höheren Aufwandes entsteht keine wesentliche Rechenzeitersparnis. In den Beispielen mit dichtem Spektrum, insbesondere bei eng benachbarten Eigenwerten λ_p und λ_{p+1}, zeigt dieser Algorithmus ausgezeichnete Ergebnisse. In extremen Fällen konnten die Iterationszahlen und Rechenzeiten gegenüber der Simultanen Iteration auf weniger als ein Zehntel gesenkt werden.

Im Algorithmus nach 3.3. waren bei kleiner Dämpfung im Vergleich zum ungedämpften Problem etwa doppelt soviel Iterationen nötig. Die Ursache liegt in den Eigenwerten der Iterationsmatrizen. In 3.1. entstehen mit

$$\lambda_i = -1/\omega_i^2$$

die Konvergenzquotienten

$$\left|\frac{\omega_i}{\omega_{p+1}}\right|^2, \qquad i = 1, \dots, p,$$

während bei Beachtung der Dämpfung aufgrund der Substitution (3.3.2) die Wurzeln dieser Quotienten für die Konvergenz des Algorithmus nach 3.3. bestimmend sind. Außerdem muß für die Berechnung von p Eigenfrequenzen mit $2p$ Vektoren iteriert werden, weil stets konjugiert komplexe Paare entstehen. Aus all diesen Gründen ist bei kleiner Dämpfung eine Voriteration mit den Algorithmen aus 3.1. oder 3.2. bei Vernachlässigung der Dämpfung günstig, um für die langsamere Iteration in 3.3. günstige Startvektoren zu besitzen.

Die folgenden Tabellen zeigen einen Vergleich von verschiedenen Realisierungen der Gradientenverfahren des Abschnittes 3.2. und der Simultanen Iteration für das ungedämpfte Schwingungsproblem. Die Tabelle 1 gibt einen Überblick über den Speicherbedarf und den Aufwand an Arithmetik in einem Iterationsschritt, wenn mit p-spaltigen Rechteckmatrizen der Dimension n iteriert wird. Um den nötigen Speicherplatz der großdimensionierten Steifigkeits- und Massenmatrizen angeben zu können, sei mit nne (K) die Anzahl der Nichtnullelemente von K bezeichnet. Ist eine Cholesky-Zerlegung von K erforderlich, wird der wesentlich größere Speicherplatz cho(K) benötigt, der beispielsweise dem Profil der Matrix entspricht. Der Bedarf an Arithmetik enthält nicht den Rechenaufwand der Cholesky-Zerlegung, die vor Beginn der Iteration durchgeführt wird.

In der Tabelle 2 sind einige Ergebnisse von Testrechnungen der angegebenen Verfahren zusammengestellt. Es wurde die Eigenschwingungsberechnung einer quadratischen, am Rande eingespannten Membran der Seitenlänge π betrachtet, deren Eigenwerte $i^2 + j^2$ ($i, j \geqq 1$) sind. Durch die Diskretisierung mit dem 9-Punkte-Diffe-

Tabelle 1: Ressourcenbedarf der Verfahren

Verfahren		Bedarf an Arithmetik		Speicherbedarf	
		Operationen mit Matrizen	Operationen mit Vektoren	Matrizen	Vektoren
I.	Simultane Iteration nach (3.1)	$2p \cdot$ cho (K) $+p \cdot$ nne (M)	$\frac{3}{2}p^2n$	cho (K) $+($nne $(M) + n)/2$	$2pn$
II.	Gradientenverf. mit (3.2.6), $T = 0$		$3p^2n$		$2pn$
III.	Gradientenverf. mit (3.2.6), T nach (2.2.9)		$7p^2n$		$3pn$
IV	Gradientenverf. für (3.2.1) mit $P = C$, $T = 0$	$p \cdot$ nne (K) $+p \cdot$ nne (M) $+p \cdot$ nne (C)	$9p^2n$	(nne $(K) + n)/2$ $+($nne $(M) + n)/2$ + eventuell (nne$(C) + n)/2$	$6pn$
V.		$2p \cdot$ nne (K) $+2p \cdot$ nne (M) $+p \cdot$ nne (C)	$5p^2n$		$3pn$
VI.	Gradientenverf. für (3.2.1) mit $P = C$, T nach (2.2.9)	$p \cdot$ nne (K) $+p \cdot$ nne (M) $+p \cdot$ nne (C)	$18p^2n$		$7pn$
VII.		$2p \cdot$ nne (K) $+2p \cdot$ nne (M) $+p \cdot$ nne (C)	$10p^2n$		$4pn$

Tabelle 2: Ergebnisse für das beschriebene Beispiel

Verfahren	I.	II.	III.	V. mit		
				$C = I$	C nach (4.1)	C nach (4.2)
Iterationszahlen	19	12	9	197	25	19
Rechenzeitverhältnis	100%	79%	72%	1350%	204%	159%

renzenoperator und 20×20 inneren Punkten entstanden eine Steifigkeits- und Massenmatrix mit $n = 400$, nne(K) $=$ nne$(M) = 3364$ und cho$(K) = 8380$. Es wurden 3 Eigenwerte bei $p = 4$ mit einer relativen Genauigkeit von 10^{-10} berechnet, wobei mit Startvektoren aus Zufallszahlen begonnen wurde. Als Vorkonditionierungsmatrizen C wurden die folgenden beiden einfachen Möglichkeiten eingesetzt.

Es sei $K = D + F + F^T$ mit der Hauptdiagonalen D und der strengen oberen Dreiecksmatrix F. Dann ist bei der Wahl von C als

$$C = (D + \omega F)^T D^{-1}(D + \omega F) \quad \text{mit} \quad \omega = 1.6 \tag{4.1}$$

kein zusätzlicher Speicherplatz für C notwendig.

Weiterhin wurde die unvollständige Cholesky-Zerlegung der Matrix

$$\tilde{K} = D + \omega(F + F^T) \quad \text{mit} \quad \omega = 1.17 \tag{4.2}$$

berechnet [17], so daß nne (C) = nne (K) gilt.

Literatur

1 Bauer, F. L., Das Verfahren der Treppeniteration und verwandte Verfahren zur Lösung algebraischer Eigenwertprobleme, Z. Angew. Math. u. Phys. 8 (1967), 214–235.
2 Bradbury, W. W.; Fletcher, R., New iterative methods for solution of the eigenproblem, Numer. Math. 9 (1966), 259–267.
3 Döhler, B., Ein neues simultanes Gradientenverfahren für das allgemeine großdimensionierte Eigenwertproblem, Dissertation TH Karl-Marx-Stadt 1982.
4 Döhler, B., Ein neues Gradientenverfahren zur simultanen Berechnung der kleinsten oder größten Eigenwerte des allgemeinen Eigenwertproblems, Numer. Math. 40 (1982) 1, 79–81.
5 Gantmacher, F. R., Matrizenrechnung I, II; Deutscher Verlag der Wissenschaften, Berlin 1959 (Übersetzung aus dem Russischen).
6 Hanzal, A., Varianten der Koordinatenüberrelaxation, Dissertation, Zürich 1978.
7 Jennings, A.; Stewart, W. J., Simultaneous iteration for partial eigensolution of real matrices, J. Inst. Math. Appl. 15 (1975) 3, 351–361.
8 Longsine, D. E.; McCormick, S. F., Simultaneous Rayleigh-quotient minimization methods for $Ax = \lambda Bx$, Linear Algebra Appl. 34 (1980), 195–234.
9 McCormick, S. F.; Noe, T., Simultaneous iteration for the matrix eigenvalue problem, Linear Algebra Appl. 16 (1977), 43–56.
10 Meyer, A., Varianten der simultanen Iteration zur Berechnung einiger Eigenwerte und Eigenvektoren des allgemeinen großdimensionierten Eigenwertproblems, Beiträge Numer. Math. 10 (1981), 107–115.
11 Meyer, A., Die Simultane Iteration zur Eigenwertberechnung für beliebige endlichdimensionale Operatoren und die Anwendung auf Schwingungsprobleme, Wissenschaftliche Informationen 36, TH Karl-Marx-Stadt 1982.
12 Meyer, A.; Döhler, B.; Skurt, L., Simultane Algorithmen für großdimensionierte Eigenwertprobleme und ihre Anwendung auf das Schwingungsproblem, Wiss. Schriftenreihe der TH Karl-Marx-Stadt 8 (1983).
13 Parlett, B. N., The Symmetric Eigenvalue Problem, Prentice Hall Series in Comp. Math., Englewood Cliffs New Jersey 1980.
14 Rutishauser, H., Simultaneous iteration method for symmetric matrices, Numer. Math. 16 (1970), 205–223.
15 Sameh, A. H.; Wisnewski, J. A., A trace minimization algorithm for the generalized eigenvalue problem, SIAM J. Numer. Anal. 19 (1982), 1243–1259.
16 Schwarz, H. R., Two algorithms for treating $Ax = \lambda Bx$, Comp. Meths. Appl. Mech. Eng. 12 (1977), 181–189.
17 Schwarz, H. R., Die Methode der konjugierten Gradienten mit Vorkonditionierungen, in: ISNM 56, Numerische Behandlung von Differentialgleichungen, Bd. 3, Birkhäuser, Basel-Boston-Stuttgart 1981, S. 146–165.
18 Scott, D. S., Solving sparse symmetric definite quadratic λ-matrix problems, BIT 21 (1981), 475–480.

Eingegangen am 13. Mai 1982, in endgültiger Fassung am 25. November 1983

Anschrift: Dr. Arnd Meyer, Dr. Bernd Döhler, Technische Hochschule Karl-Marx-Stadt, Sektion Mathematik, Postfach 964, DDR 9010 Karl-Marx-Stadt

ZAMM · Z. angew. Math. Mech. 65 (1985) 12, 605–612

BITTNER, L.

Weiteres über Pseudo-Divisionsverfahren zur Berechnung der Standardfunktionen und gewisser Nicht-Standardfunktionen

Prof. Dr. Dr. h. c. H. HEINRICH zum 80. Geburtstag gewidmet.

Es werden einige Gesichtspunkte, welche nach Meinung des Verfassers die theoretische Grundlage der sogenannten Pseu do Divisionsverfahren (CORDIC) bilden, dargelegt. Es wird eine additive und multiplikative Darstellung von reellen Argum en ten durch Basisargumente angegeben und gezeigt, wie die unausgesprochenen Ideen der Pseudodivisionsverfahren dazu aus genutzt werden können, um neue Algorithmen für gewisse Funktionen, welche eine Art Additions- oder Multiplikations theorem erfüllen, und für ihre Inversen herzuleiten.

Some theoretical background views concerning the so called pseudo division processes (CORDIC) are presented. An additive and multiplicative representation of real arguments by means of basic arguments is given, and it is shown how the implicit ideas of pseudo division processes can be applied to derive new algorithms for certain functions, satifying some kind of addition or multiplication rules, and for its inverse.

Излагаются некоторые теоретические взляды на так называемые методы псевдоделения (КОРДИК). Дано аддитивное и мултипликативное представление вещественного переменного при помощи базисных чисел и показывается как неявные идеи методов псевдоделения могут быть использованы, чтобы вывести новые алгорифмы для разных функций, удовлетворяющих некоторому правилу сложения или умножения, и для их обратных.

1. Überblick

J. E. MEGITT [3] veröffentlichte unter der Bezeichnung Pseudo-Divisions- und Multiplikationsverfahren einige Verfahren zur Berechnung der Standardfunktionen $\ln (y/x)$, $x(e^p - 1)$, $\operatorname{tg} p$, $\operatorname{arctg} (y/x)$, $\sqrt{y/x}$ u. a., die mit bekannt angenommenen (gespeicherten) Funktionswerten zu einer Folge von Argumentwerten arbeiten und nur einfachste Operationen (Additionen, Subtraktionen und Stellenverschiebungen) erfordern. Anscheinend sind diese Verfahren für Taschenrechner und Mikroprozessoren erdacht worden und heutigentags im ROM vieler Taschenrechnerschaltkreise enthalten. Sie eignen sich selbstverständlich auch als Bestandteile von Übersetzungsprogrammen für Programmiersprachen.

In diesem Aufsatz werden einige Gesichtspunkte dargelegt, die nach Meinung des Verfassers die allgemeine Grundlage der oben genannten Verfahren darstellen und zeigen, daß diese Verfahren auch zur Berechnung von manchen Nicht-Standardfunktionen verwendet werden können. Es wird herausgestellt, daß die zu berechnende Funktion nicht unbedingt skalarwertig sein muß, aber für additiv bzw. multiplikativ verknüpfte reelle Argumente x', x'', d. h. für $x' \pm x''$ bzw. $x' \cdot x''$, nach einer einfachen Regel, etwa nach einem Additions- oder Multiplikationstheorem, ausrechenbar sein soll. Eine solche Funktion ist beispielsweise die 3-dimensionale Vektorfunktion, welche die Jacobi-Funktionen $\operatorname{sn} x$, $\operatorname{cn} x$, $\operatorname{dn} x$ als Komponenten besitzt. Auch für die Berechnung der Inversen von monotonen, reellen Funktionen, die ein Additions- oder Multplikationstheorem erfüllen, werden iterative Vorschriften angegeben. Ob diese Vorschriften einfachste Operationen werden, hängt allerdings von den in das Additions- oder Multiplikationstheorem eingehenden konkreten Funktionsausdrücken ab; die Gewinnung von Vorschriften aus einfachsten Operationen ist nicht erstes Ziel vorliegender Arbeit.

In dieser Arbeit wird eine fast beliebige Folge von positiven abnehmenden Argumenten $x_1, x_2, \ldots$, zu denen i. a. die Funktionswerte $f(x_1), f(x_2), \ldots$ bekannt sein sollen, zu Grunde gelegt. Es werden einige Aussagen über die Darstellung eines beliebigen Argumentes x mit Hilfe der „Basisargumente" $x_1, x_2, \ldots$ in additiver und multiplikativer Form (nebst Fehlerabschätzung) angegeben. Bei Zahlendarstellungen wird eine beliebige Basis B angenommen. Die Verwendung von Identitäten der Standardfunktionen im Komplexen wird umgangen. Ein Verfahren zur Berechnung der p-ten Wurzel läßt sich mit dem Formalismus der Pseudo-Divisionsverfahren leicht angeben. Ähnlich lassen sich Vorschriften zur Bestimmung der einfachen Nullstellen von Polynomgleichungen formulieren.

Verf. möchte Dr. N. WENGEL für die Hinweise auf die Arbeiten von MEGITT, P. W. PEDERSEN [4] und W. E. EGBERT [2] danken und diese Arbeit Herrn Prof. H. HEINRICH widmen in Erinnerung an eine für die D-Automaten zu lösende, damals aber nicht gelöste Aufgabe.

2. Darstellung von x

Es sei $x_1 > x_2 > \ldots$ eine abnehmende Folge gegebener positiver Zahlen x_k, es sei x_0 eine feste reelle Zahl (i. a. 0 bzw. 1).

2.1. Additiver Fall

Es gelte $\lim x_k = 0$. *Jede gegebene reelle Zahl $x \geqq x_0$ läßt sich in der Form*

$$x = x_0 + \sum_{k=1}^{\infty} n_k x_k \tag{1}$$

darstellen, wobei die nichtnegativen, ganzen Zahlen n_k folgendermaßen eindeutig bestimmt sind: n_1 ist die größte ganze Zahl, so daß

$$n_1x_1 \leqq x - x_0 \qquad (< (n_1 + 1)\, x_1) \tag{2}$$

ist; wenn $n_1, \dots, n_{k-1}$ schon bestimmt sind, ist n_k die größte ganze Zahl, so daß

$$\sum_{j=1}^{k-1} n_jx_j + n_kx_k \leqq x - x_0 \quad (< \sum_{j=1}^{k-1} n_jx_j + (n_k + 1)\, x_k) \tag{3}$$

ist. Sei

$$x_{k,m} = x_0 + \sum_{j=1}^{k-1} n_jx_j + mx_k, \quad x_{1,m} = x_0 + mx_1\,, \tag{4}$$

so gilt offenbar

$$\left.\begin{array}{l} x_{1,0} = x_0\,, \qquad x_{k,m+1} = x_{k,m} + x_k\,, \qquad x_{k+1,0} = x_{k,n_k}\,, \\ x_{k-1,n_{k-1}} = x_{k,0} \leqq x_{k,m} \leqq x_{k,n_k} \leqq x < x_{k-1,n_{k-1}+1}\,, \end{array} \qquad m = 0, 1, \dots, n_k\,,\right\} \tag{5}$$

mithin

$$0 \leqq x - x_{k,m} < x_{k-1}\,, \qquad m = 0, 1, \dots, n_k\,; \qquad k = 2, 3, \dots\,. \tag{6}$$

Hieraus folgt, daß die Folge

$$x_{1,0} < x_{1,1} < \cdots < x_{1,n_1} = x_{2,0} < x_{2,1} < \dots < x_{k,0} \leqq x_{k,1} < \dots < x_{k,n_k} = x_{k+1,0} \cdots$$

(nichtfallend) gegen x strebt, wofür wir kurz $x_{k,m} \to x$ schreiben wollen.

Es sei B irgend eine natürliche Zahl, z. B. die Basis des verwendeten Zahlensystems. Falls

$$\frac{x_{k-1}}{x_k} \leqq B\,, \qquad k = 2, 3, \dots\,, \tag{7}$$

so ist $n_k \leqq B - 1$, also n_k eine B-Ziffer. Ist auch noch $(x - x_0)/x_1 < B$, so ist auch n_1 eine B-Ziffer. Denn es gilt nach Definition (2), (3) von n_k, n_{k-1}

$$\sum_{j=1}^{k-1} n_jx_j + n_kx_k \leqq x - x_0 < \sum_{j=1}^{k-2} n_jx_j + (n_{k-1} + 1)\, x_{k-1}\,,$$

woraus $n_kx_k < x_{k-1}$, $n_k < B$ entsteht. Ferner ist nach Definition von n_1 gerade $n_1x_1 \leqq x - x_0 < Bx_1$.

Die Bedingung (7) ist erfüllt, wenn man $x_k = B^{k_0-k}$, $k = 1, 2, \dots$, wählt, k_0 darf eine beliebige ganze Zahl sein. (Weitere Fälle s. Abschnitt 5.) Eine Darstellung von x in der Form (1) ohne Berücksichtigung der Bestimmungsweise der n_k braucht nicht eindeutig zu sein.

Die $x_{k,m}$ nähern sich der Zahl x von unten. *Annäherungen von oben erhält man folgendermaßen*: Es sei $\bar{x}_0$ eine feste Zahl $\geqq x$. $\bar{n}_1$ sei die größte ganze Zahl, so daß

$$\bar{n}_1x_1 \leqq \bar{x}_0 - x \qquad (< (\bar{n}_1 + 1)\, x_1) \tag{8}$$

ist; nachdem die $\bar{n}_1, \dots, \bar{n}_{k-1}$ bereits bestimmt sind, ist $\bar{n}_k$ als die größte ganze Zahl definiert, für die

$$\sum_{j=1}^{k-1} \bar{n}_jx_j + \bar{n}_kx_k \leqq \bar{x}_0 - x (< \sum_{j=1}^{k-1} \bar{n}_jx_j + (\bar{n}_k + 1)\, x_k) \tag{9}$$

ist. Sei

$$\bar{x}_{k,m} = \bar{x}_0 - \sum_{j=1}^{k-1} \bar{n}_jx_j - mx_k\,, \qquad m = 0, 1, \dots, \bar{n}_k\,. \tag{10}$$

Dann gilt offenbar

$$\left.\begin{array}{l} \bar{x}_{k,m+1} = \bar{x}_{k,m} - x_k\,, \qquad \bar{x}_{1,0} = \bar{x}_0\,, \qquad \bar{x}_{k,\bar{n}_k} = \bar{x}_{k+1,0}\,, \\ 0 \leqq \bar{x}_{k,m} - x < x_{k-1}\,, \qquad \bar{x}_{k,m} \to x\,, \qquad \bar{x}_{k,m} \geqq \bar{x}_{k,\bar{n}_k} \geqq x > \bar{x}_{k,\bar{n}_k+1}\,, \qquad m = 0, 1, \dots, \bar{n}_k\,, \end{array}\right\} \tag{11}$$

$$x = \bar{x}_0 - \sum_{k=1}^{\infty} \bar{n}_kx_k\,. \tag{12}$$

2.2. Multiplikativer Fall

Es gelte $x_0 > 0$ und $\lim x_k = 1$. *Jede gegebene reelle Zahl $x \geqq x_0$ läßt sich in der Form*

$$x = x_0 \prod_{k=1}^{\infty} x_k^{n_k} \tag{1'}$$

darstellen, wobei die nichtnegativen ganzen Zahlen n_k folgendermaßen eindeutig bestimmt sind: n_1 ist die größte ganze Zahl, so daß

$$x_1^{n_1} \leqq x/x_0 \qquad (< x_1^{n_1+1}) \tag{2'}$$

ist; wenn $n_1, \ldots, n_{k-1}$ bereits bestimmt sind, ist n_k als die größte ganze Zahl definiert, so daß

$$\prod_{j=1}^{k-1} x_j^{n_j} x_k^{n_k} \leqq \frac{x}{x_0} \left(< \prod_{j=1}^{k-1} x_j^{n_j} x_k^{n_k+1}\right) \tag{3'}$$

ist. Sei

$$x_{k,m} = x_0 \cdot \prod_{j=1}^{k-1} x_j^{n_j} x_k^m, \qquad x_{1,m} = x_0 x_1^m, \tag{4'}$$

so gelten, abgesehen von der wie folgt zu ersetzenden $x_{k,m+1}$-Formel

$$x_{k,m+1} = x_{k,m} \cdot x_k, \tag{5'}$$

die übrigen Beziehungen der Formelzeile (5), mithin

$$0 \leqq x - x_{k,m} < x_{k,0}(x_{k-1} - 1) \leqq x(x_{k-1} - 1), \qquad m = 0, 1, \ldots, \qquad n_k; k = 2, 3, \ldots. \tag{6'}$$

Die $x_{k,m}$ streben wie vorher von unten und nichtfallend gegen x. *Falls*

$$\frac{\ln x_{k-1}}{\ln x_k} \leqq B, \qquad k = 2, 3, \ldots, \tag{7'}$$

so ist $n_k \leqq B - 1$. *Falls noch* $(\ln x - \ln x_0)/\ln x_1 < B$ *ist, wird auch* $n_1 \leqq B - 1$. Denn es gilt nach Definition (2') (3') von n_k, n_{k-1}

$$\prod_{j=1}^{k-1} x_j^{n_j} x_k^{n_k} \leqq \frac{x}{x_0} < \prod_{j=1}^{k-2} x_j^{n_j} x_{k-1}^{n_{k-1}+1},$$

woraus $x_k^{n_k} < x_{k-1}$, $n_k < B$ entsteht. Aus $x_1^{n_1} \leqq x/x_0$ folgt $n_1 < B$.

Die Bedingung (7') ist beispielsweise für $x_k = 1 + B^{k_0-k}$, $k = 1, 2, \ldots$, erfüllt, wobei k_0 eine beliebige ganze Zahl sein darf, da infolge der Bernoullischen Ungleichung

$$x_k^B = (1 + B^{k_0-k})^B > 1 + B \cdot B^{k_0-k} = x_{k-1}$$

besteht.

Konvergente *Annäherungen* $\bar{x}_{k,m}$ *an* $x > 0$ *von oben* erhält man, indem man von einem $\bar{x}_0 \geqq x$ ausgeht, $\bar{x}_{1,0} = \bar{x}_0$ und $\bar{x}_{k,m} = \bar{x}_0 \prod_{j=1}^{k-1} x_j^{-\bar{n}_j} x_k^{-m}$ setzt, wobei $\bar{n}_k$ jeweils als die größte ganze Zahl der Eigenschaft

$$\bar{x}_0 \cdot \prod_{j=1}^{k-1} x_j^{-\bar{n}_j} x_k^{-\bar{n}_k} \geqq x \left(> \bar{x}_0 \prod_{j=1}^{k-1} x_j^{-\bar{n}_j} x_k^{-\bar{n}_k-1}\right)$$

bestimmt und $\bar{x}_{k+1,0} = \bar{x}_{k,\bar{n}_k}$ ist. Die Basisargumente x_k für die unteren Näherungen $x_{k,m}$ dürfen sich selbstverständlich von den x_k für die oberen Näherungen $\bar{x}_{k,m}$ unterscheiden.

3. Berechnung von $y = f(x)$

Es sei f eine stetige Funktion der reellen Variablen $x \geqq x_0$ ($x \leqq \bar{x}_0$) mit Werten in einem normierten Vektorraum Y. x ist gegeben, $f(x)$ gesucht. Die x_k mögen den in Abschnitt 2.1. bzw. 2.2. gestellten Forderungen genügen. Sei $y_k = f(x_k)$.

3.1. Additiver Fall

Die Klasse von Funktionen, die wir hier betrachten wollen, ist durch folgende Eigenschaft ausgezeichnet. *Die Funktionswerte* $f(\xi + x_k)$ *mögen sich mit Hilfe bekannter Funktionen* g_k *auf folgende Weise ausdrücken lassen*

$$f(\xi + x_k) = g_k(\xi, f(\xi)), \qquad k = 1, 2, \ldots. \tag{1}$$

Ein Spezialfall ist der, daß

$$f(\xi + x_k) = f(\xi) + h_k(\xi), \qquad k = 1, 2, \ldots, \tag{2}$$

gilt mit bekannten Funktionen h_k. Ein weiterer wichtiger Spezialfall liegt vor, wenn f — wie wir sagen wollen — *ein Additionstheorem erfüllt*, was folgendes bedeute. Es gebe eine Funktion g über $Y \times Y$ mit Werten in Y, so daß für alle ξ_1, ξ_2, $\xi_1 + \xi_2$ des Definitionsbereiches von f

$$f(\xi_1 + \xi_2) = g(f(\xi_1), f(\xi_2)) \tag{3}$$

gilt. Der Zusammenhang zwischen g_k, h_k, g lautet dann

$$g_k(\xi, y) = y + h_k(\xi), \qquad g_k(\xi, y) = g(y, y_k). \tag{4}$$

Im zweiten Fall sind die Funktionen g_k nicht von ξ abhängig, aber erst angebbar, wenn die Funktionswerte $y_k = f(x_k)$, $k = 1, 2, \ldots$, alle bekannt sind; die feste Zahl x_0 wird i. a. 0 sein.

Man denke sich x in der Form (1) des Abschnitts 2.1. dargestellt und die zugehörigen Näherungen (4) $x_{k,m}$ gebildet. *Sei*

$$y_{k,m} = f(x_{k,m}) . \tag{5}$$

Zur sukzessiven Berechnung der $y_{k,m}$ dient die Rekursionsformel

$$y_{k,m+1} = f(x_{k,m} + x_k) = g_k(x_{k,m}, y_{k,m}) , \qquad m = 0, 1, \dots, n_k ; \qquad k = 1, 2, \dots , \tag{6}$$

zusammen mit $y_{k+1,0} = y_{k,n_k}$, indem man von $y_{1,0} = f(x_0)$ (oder $y_{\alpha,1} = f(x_\alpha) = y_\alpha$ für $x_0 = 0$ und $n_1 = \dots = n_{\alpha-1} = 0$, $n_\alpha > 0$) ausgeht. Wegen $x_{k,m} \to x$ und der Stetigkeit von f ergibt sich

$$y_{k,m} \to f(x) , \qquad m = 0, \dots, n_k ; \qquad k = 1, 2, \dots . \tag{7}$$

Im ersten und zweiten Spezialfall lautet die Rekursionsformel

$$y_{k,m+1} = y_{k,m} + h_k(x_{k,m}) , \qquad y_{k,m+1} = g(y_{k,m}, y_k) .$$

Wenn f in einer konvexen Umgebung U von x eine nichtfallende (nichtwachsende) reelle Funktion darstellt und $x_{k+1,0} = x_{k,n_k}$, x_{k,n_k+1} bereits zu U gehören, kann der zu berechnende Wert $f(x)$ durch

$$y_{k,n_k} \leqq f(x) \leqq y_{k,n_k+1} \qquad \left(y_{k,n_k} \geqq f(x) \geqq y_{k,n_k+1}\right) \tag{8}$$

eingegrenzt werden. Wenn f in einer linksseitigen Umgebung U_l von x einer Lipschitzbedingung

$$||f(x') - f(x)|| \leqq L(x) \cdot |x' - x| , \qquad x' \in U_l ,$$

genügt, gilt für $k \geqq 2$

$$||y_{k,m} - f(x)|| \leqq L(x) \cdot (x - x_{k,m}) \leqq L(x) \cdot x_{k-1} . \tag{9}$$

An Stelle von (1) *oder gleichzeitig mit* (1) *gilt manchmal*

$$f(\xi - x_k) = \bar{g}_k(\xi, f(\xi)) \tag{10}$$

mit einer gewissen bekannten Funktion $\bar{g}_k$. Speziellerweise könnte ein Analogon zu dem Additionstheorem (3) erfüllt sein

$$f(\xi_1 - \xi_2) = g(f(\xi_1), f(\xi_2)) . \tag{11}$$

Nun denke man sich x in der Form (12) des Abschnitts 2.1. dargestellt und die oberen Näherungen $\bar{x}_{k,m}$ (s. (10) von 2.1.) gebildet. Sei

$$\bar{y}_{k,m} = f(\bar{x}_{k,m}) . \tag{12}$$

Beginnend mit $\bar{y}_{1,0} = f(\bar{x}_0) = \bar{y}_0$, berechne man die $\bar{y}_{k,m}$ nach den Rekursionsformeln

$$\bar{y}_{k,m+1} = f(\bar{x}_{k,m} - x_k) = \bar{g}_k(\bar{x}_{k,m}, \bar{y}_{k,m}) \quad bzw. \quad \bar{g}(\bar{y}_{k,m}, y_k) . \tag{13}$$

Die $\bar{y}_{k,m}$ streben gegen $y = f(x)$. Wenn f eine eigentlich monoton wachsende (fallende) reelle Funktion ist, wird

$$\bar{y}_{k,n_k} \geqq f(x) > \bar{y}_{k,n_k+1} \left(\bar{y}_{k,n_k} \leqq f(x) < \bar{y}_{k,n_k+1}\right) . \tag{14}$$

Falls f in einer rechtsseitigen Umgebung U_r von x einer Lipschitzbedingung mit der Konstanten $L(x)$ genügt, ist

$$||\bar{y}_{k,m} - f(x)|| \leqq L(x) (\bar{x}_{k,m} - x) \leqq L(x) \cdot x_{k-1} . \tag{15}$$

3.2. Multiplikativer Fall

Die Funktionswerte $f(\xi \cdot x_k)$ mögen sich mit Hilfe bekannter Funktionen g_k (aus $R \times Y$ in Y) *auf folgende Weise ausdrücken lassen*

$$f(\xi \cdot x_k) = g_k(\xi, f(\xi)) , \qquad k = 1, 2, \dots . \tag{1'}$$

Ein Spezialfall liegt vor, wenn f ein sogenanntes Multiplikationstheorem erfüllt, was folgendes bedeute

$$f(\xi_1 \cdot \xi_2) = g(f(\xi_1), f(\xi_2)) \tag{3'}$$

für alle ξ_1, ξ_2, $\xi_1 \cdot \xi_2$ des Definitionsbereiches von f, wobei g eine bekannte Funktion (aus $Y \times Y$ in Y) ist. Die g_k und g hängen wie vorher in (4) miteinander zusammen. Die feste Zahl x_0 wird nun i. a. 1 sein.

Man denke sich x in der Form (1') des Abschnitts 2.2. dargestellt und die zugehörigen $x_{k,m}$ (s. 4') gebildet. *Zur sukzessiven Berechnung der $y_{k,m} = f(x_{k,m})$ ist die Rekursionsformel*

$$y_{k,m+1} = f(x_{k,m} \cdot x_k) = g_k(x_{k,m}, y_{k,m}) \quad bzw. \quad y_{k,m+1} = g(y_{k,m}, y_k) \tag{6'}$$

zu verwenden zusammen mit $y_{k+1,0} = y_{k,n_k}$, indem von $y_{1,0} = f(x_0)$ oder für $x_0 = 1$, $n_1 = \dots = n_{\alpha-1} = 0$, $n_\alpha > 0$ sofort von $y_{\alpha,1} = y_\alpha$ auszugehen ist. Es gilt die Konvergenz- und Eingrenzungsaussage (7) ,(8) des Abschnitts 3.1. Die Fehlerabschätzung lautet jedoch für $k \geqq 2$

$$||y_{k,m} - f(x)|| \leqq L(x) \cdot x \cdot (x_k - 1) . \tag{9'}$$

4. Berechnung der inversen Funktion inv f

Im folgenden Abschnitt sei *f zunächst eine eigentlich monoton wachsende oder fallende stetige reelle Funktion*, die für $x \geqq x_0$ ($x \leqq \bar{x}_0$) erklärt ist und *eine Rechenregel* (1) *von Abschnitt* 3.1. *bzw.* (1') *von Abschnitt* 3.2. (etwa ein Additions- oder Multiplikationstheorem) *erfüllt. Die Aufgabe besteht darin, zu gegebenem y des Wertebereiches von f den Zahlenwert $x = \operatorname{inv} f(y)$ zu ermitteln, so daß $y = f(x)$ ist.*

A. Man denke sich das gesuchte x in der Form (1) bzw. (1') von Abschnitt 2 dargestellt. Die wirkliche Bestimmung der ganzen Zahlen n_k muß indirekt geschehen, weil das x nicht gegeben ist. n_k ist durch die Ungleichung $x_{k,n_k} \leqq x < x_{k,n_k+1}$ charakterisiert. Das trifft im Falle einer monoton wachsenden (fallenden) Funktion genau dann zu wenn (s. Formel (5) von Abschnitt 3)

$$y_{k,n_k} \leqq y < y_{k,n_k+1} \qquad (y_{k,n_k} \geqq y > y_{k,n_k+1}) \tag{1}$$

ist. *Dies ist nun die bestimmende Ungleichung für die n_k.*

Ausgehend von $y_{k,0} \leqq y$, am Anfang $y_{1,0} = f(x_0) = y_0 \leqq y$ ($y_{k,0} \geqq y$, am Anfang $y_{1,0} \geqq y$), bilde man sukzessiv nach Formel (6) bzw. (6') von Abschnitt 3 die Werte

$$y_{k,0}, y_{k,1}, \dots, y_{k,m}, y_{k,m+1} \qquad m = 0, 1, \dots, \tag{2}$$

und überprüfe, ob schon $y_{k,m} \leqq y < y_{k,m+1}$ ($y_{k,m} \geqq y > y_{k,m+1}$) ist. Wenn dies zutrifft, ist $m = n_k$. Wenn nicht, so ist $m := m + 1$ zu setzen, das neue $y_{k,m+1}$ zu berechnen, das Erfülltsein der Ungleichung zu überprüfen usw. *Mit den gefundenen n_k bilde man die $x_{k,m}$, speziell x_{k,n_k}. Die $x_{k,m}$, $m = 0, \dots, n_k$; $k = 1, 2, \dots$, streben gegen das gesuchte $x = \operatorname{inv} f(y)$.* Die Formeln (6) bzw. (6') schätzen den Fehler $x - x_{k,m}$ ab.

B. Nun sei *f eine reelle Funktion wie oben*, die jedoch *eine Rechenregel* (10) *von Abschnitt* 3.1. erfüllt. Man denke sich x in der Form (12) von Abschnitt 2.1. dargestellt. Die ganzen Zahlen $\bar{n}_k$ dieser Darstellung sind durch die Ungleichung $\bar{x}_{k,\bar{n}_k} \geqq x > \bar{x}_{k,\bar{n}_k+1}$ charakterisiert. Die letzte Ungleichung ist im Falle einer streng monoton wachsenden (fallenden) Funktion genau dann erfüllt, wenn

$$\bar{y}_{k,\bar{n}_k} \geqq y > \bar{y}_{k,\bar{n}_k+1} \qquad (\bar{y}_{k,\bar{n}_k} \leqq y < \bar{y}_{k,\bar{n}_k+1}) \tag{3}$$

(s. Formel (12) von Abschnitt 3). *Dies ist die bestimmende Beziehung für $\bar{n}_k$.* Sofern $\bar{y}_{k,0} \geqq y$ ($\bar{y}_{k,0} \leqq y$) ermittelt ist am Anfang $\bar{y}_{1,0} = f(\bar{x}_0) = \bar{y}_0 \geqq y$ ($\bar{y}_{1,0} \leqq y$), berechne man nach der Rekursionsformel (13) von Abschnitt 3

$$\bar{y}_{k,0}, \bar{y}_{k,1}, \dots, \bar{y}_{k,m}, \bar{y}_{k,m+1} \tag{4}$$

und prüfe, ob die Ungleichung $\bar{y}_{k,m} \geqq y > \bar{y}_{k,m+1}$ ($\bar{y}_{k,m} \leqq y < \bar{y}_{k,m+1}$) schon erfüllt ist. Wenn ja, dann ist $m = n_k$, wenn nein, dann fahre man mit $m := m + 1$ fort, ein neues $\bar{y}_{k,m+1}$, zu berechnen und die Ungleichung zu überprüfen. *Die aus den $\bar{n}_k$ gebildeten $\bar{x}_{k,m}$ streben gegen $x = \operatorname{inv} f(y)$*, den Fehler schätzt Formel (11) von Abschnitt 2.1. ab.

C. Wenn $x_0 = 0$ und die soeben betrachtete *Funktion f auch in einer gewissen Nullumgebung*, etwa auch im Intervall $[-x_1, \bar{x}_0]$ *erklärt und im strengen Sinne monoton* ist, kann man inv $f(y)$ auch so berechnen: Man denke sich x in der Form (1) von Abschnitt 2.1. dargestellt und die zugehörigen Näherungen $x_{k,m}$ (s. (4) von 2.1.) definiert. Dann setze man

$$r_{k,m} = x - x_{k,m}, \qquad s_{k,m} = f(r_{k,m}). \tag{5}$$

Theoretisch gilt dann

$$r_{k,m+1} = r_{k,m} - x_k, \qquad s_{k,m+1} = \bar{g}_k(r_{k,m}, s_{k,m}) \quad \text{bzw.} \quad \bar{g}(s_{k,m}, y_k). \tag{6}$$

Die Zahlen n_k sind durch die Ungleichung $r_{k,n_k} \geqq 0 > r_{k,n_k+1}$ charakterisiert, die man aber nicht verwenden kann weil x und mithin auch die $r_{k,m}$ praktisch unbekannt sind. Aber *diese Ungleichung ist im Falle einer streng monoton wachsenden (fallenden) Funktion f äquivalent mit*

$$s_{k,n_k} \geqq 0 > s_{k,n_k+1} \qquad (s_{k,n_k} \leqq 0 < s_{k,n_k+1}). \tag{7}$$

Ausgehend von $s_{k,0} \geqq 0$ ($s_{k,0} \leqq 0$), am Anfang $s_{1,0} = f(x - x_{1,0}) = f(x) = y \geqq 0$ ($s_{1,0} \leqq 0$) berechne man nach Formel (6) sukzessiv die Werte

$$s_{k,0}, s_{k,1}, \dots, s_{k,m}, s_{k,m+1} \tag{8}$$

und überprüfe jeweils, ob $s_{k,m} \geqq 0 > s_{k,m+1}$ ($s_{k,m} \leqq 0 < s_{k,m+1}$) gilt. Wenn ja, dann ist $m = n_k$, wenn nein, so setze man die Rechnung mit $m := m + 1$ fort usw. *Die aus den n_k gebildeten $x_{k,m}$ streben gegen* inv $f(y)$.

D. Falls f keine reelle Funktion, sondern irgendeine Abbildung aus R in einen Vektorraum ist, z. B. eine mehrdimensionale Vektorfunktion mit reellen Komponenten, so existiert manchmal ein auf y definiertes Funktional λ, so daß die Komposition λf eine eigentliche monotone reelle Funktion wird; z. B. könnte eine Komponente f_i der Vektorfunktion eine monotone Funktion λf sein. Sei y aus dem Wertebereich von f. Die für n_k charakteristischen Beziehungen $x_{k,n_k} \leqq x < x_{k,n_k+1}, \dots, r_{k,n_k} \geqq 0 > r_{k,n_k+1}$ braucht man durch Anwendung von λf nur in praktisch nutzbare Beziehungen zwischen $\lambda(y_{k,n_k}), \lambda(y_{k,n_k+1}), \dots, \lambda(s_{k,n_k}), \lambda(s_{k,n_k+1})$ zu verwandeln, um in ähnlicher Weise die Näherungen $x_{k,m}$ für inv $f(y)$ zu erhalten.

5. Konkrete Fälle

Bevor wir einige neue „Pseudo-Divisionsverfahren" besprechen, wollen wir die von MEGITT behandelten Fälle der Exponentialfunktion und der Tangensfunktion im Lichte der vorausgehenden Ausführungen betrachten, weil sich formal mehrere Berechnungsmöglichkeiten anbieten und der Durchgang durch das Komplexe vermieden werden kann.

5.1. a^x oder a^y, $a > 1$

(i) Setzt man $y = f(x) = a^x$, $x_0 = 0$, $x \geqq 0$, so ist ein Additionstheorem erfüllt: $f(\xi_1 + \xi_2) = f(\xi_1) \cdot f(\xi_2)$. Die Vorschriften aus Abschnitt 3.1. sind anwendbar mit $g(y', y'') = y' \cdot y''$. Die Rekursionsformeln lauten $y_{k,m+1} = y_{k,m}y_k$, $m = 0, \dots, n_k$; $k = 1, 2, \dots$. Die Rechnung beginnt mit $y_{1,0} = 1$. Die n_k bekommt man aus der Darstellung (1), Abschnitt 2.1., von x. Die $y_{k,m}$ streben gegen a^x. Wählt man $y_k = 1 + B^{k_0-k} = a^{x_k}$ (Definition von x_k), so ist die Multiplikation mit y_k in der Rekursionsformel lediglich eine Stellenverschiebung im Zahlensystem mit der Basis B und eine Addition. Der Wert a^x kann durch Formel (8) von Abschnitt 3.1. eingegrenzt werden, da f monoton wächst. Die x_k genügen (7) von Abschnitt 2.1.
(ii) Setzt man $x = \operatorname{inv} f(y) = a^y$, also $y = f(x) = \log_a x$, und $x_0 = 1$, $x \geqq 1$, $y \geqq 0$, so ist ein Multiplikationstheorem erfüllt: $f(\xi_1 \cdot \xi_2) = f(\xi_1) + f(\xi_2)$. Die Vorschriften aus Abschnitt 4 sind anwendbar, um $x = a^y$ zu gegebenem y zu berechnen, wobei $g(y', y'') = y' + y''$ und folglich $y_{k,m+1} = y_{k,m} + y_k$ ist. Die Rechnung beginnt mit $y_{1,0} = f(1) = 0$. Formel (1) von Abschnitt 4, nichteingeklammert, bestimmt das jeweilige n_k, da f wächst. Die $x_{k,m}$ der Formel (4') von Abschnitt 2.2. streben gegen a^y. Formel (6') schätzt den Fehler $a^y - x_{k,m}$ ab. Man wähle $x_k = 1 + B^{k_0-k}$. Die Möglichkeiten (i), (ii) laufen praktisch auf das Gleiche hinaus.
(iii) $f(x) = a^x$ erfüllt auch ein Additionstheorem vom Typ (11), Abschnitt 3.1. Man denke sich x mit einem gewissen $\bar{x}_0 \geqq x$ in der Form (12) von 2.1. dargestellt. Beginnend mit $\bar{y}_{1,0} = f(\bar{x}_0)$ berechne man Näherungen $\bar{y}_{k,m}$ nach der Rekursionsformel $\bar{y}_{k,m+1} = \bar{y}_{k,m}/y_k$. Es gilt $\bar{y}_{k,m} \to a^x$ von oben her.

5.2. tg x

Sei $f(x) = \operatorname{tg} x$, $x_0 = 0 \leqq x < \pi/2$. f erfüllt das Additionstheorem $f(\xi_1 + \xi_2) = (f(\xi_1) + f(\xi_2))/(1 - f(\xi_1)\, f(\xi_2))$. Die Rekursionsformel lautet daher $y_{k,m+1} = (y_{k,m} + y_k)/(1 - y_{k,m}y_k)$. Die n_k erhält man aus der Darstellung (1), Abschnitt 2.1., von x. Um das ständige Dividieren zu umgehen, bietet sich die Methode der Homogenisierung an. Man setze $y_{k,m} = u_{k,m}/v_{k,m}$, beginnend mit $y_{1,0} = 0 = 0/1$ als $u_{1,0}/v_{1,0}$. Damit $y_{k,m+1} = u_{k,m+1}/v_{k,m+1}$ wird, braucht man nur

$$u_{k,m+1} = u_{k,m} + y_k \cdot v_{k,m}\,, \qquad v_{k,m+1} = v_{k,m} - y_k \cdot u_{k,m} \tag{1}$$

zu setzen. Für hinreichend große k führe man eine Division $u_{k,0}/v_{k,0}$ durch, um einen Näherungswert $y_{k,0}$ für tg x zu erhalten. Den Fehler schätzt z. B. für $x \leqq \pi/4$ Formel (9), Abschnitt 3.1., ab: $|y_{k,0} - \operatorname{tg} x| \leqq 2x_{k-1}$. Bei Verwendung des Zahlensystems mit der Basis B wähle man $y_k = B^{k_0-k} = \operatorname{tg} x_k$ (Definition von x_k, $0 < x_k < \pi/2$). Die x_k genügen (7), von Abschnitt 2.1.

5.3. arc tg y, $0 \leqq y$, Hauptwert

Sei $f(x) = \operatorname{tg} x$, $-\pi/2 < x < \pi/2$. f erfüllt ein Additionstheorem vom Typ (11), Abschnitt 3.1.:

$$f(\xi_1 - \xi_2) = (f(\xi_1) - f(\xi_2))/(1 + f(\xi_1)\, f(\xi_2))\,.$$

Die Überlegungen von Abschnitt 4C sind beispielsweise anwendbar. Die Rekursionsformel zur Berechnung der $s_{k,m}$ lautet $s_{k,m+1} = (s_{k,m} - y_k)/(1 + y_k s_{k,m})$, $m = 0, 1, \dots, n_k$; das n_k erhält man aus der Ungleichung (7) jenes Abschnitts. Um das ständige Dividieren zu vermeiden, setze man $s_{k,m} = u_{k,m}/v_{k,m}$, beginnend mit $s_{1,0} = y = y/1$ als $u_{1,0}/v_{1,0}$. Damit auch $y_{k,m+1} = u_{k,m+1}/v_{k,m+1}$ gilt, braucht man nur

$$u_{k,m+1} = u_{k,m} - y_k \cdot v_{k,m}\,, \qquad v_{k,m+1} = v_{k,m} + y_k \cdot u_{k,m} \tag{2}$$

zu setzen. Die bestimmende Ungleichung für n_k gilt genau dann, wenn $u_{k,0} > u_{k,1} > \dots > u_{k,n_k} \geqq 0 > u_{k,n_k+1}$. Aus den so ermittelten n_k bilde man $x_{k,m}$ nach (4), Abschnitt 2.1. Formel (6) erlaubt den Fehler arc tg $y - x_{k,m}$ abzuschätzen. Man kann $y_k = B^{k_0-k}$ (Definition von x_k) wie vorher wählen.

5.4. $\sqrt[p]{y}$, $y > 0$

p sei eine natürliche Zahl $\geqq 2$, unter der p. Wurzel ist die positive Wurzel zu verstehen. Man setze $f(\xi) = \xi^p$, $x_0 = 0 \leqq \xi$. f wächst, es gilt

$$f(\xi + x_k) = f(\xi) + \sum_{l=1}^{p} \binom{p}{l} \xi^{p-l} x_k^l = f(\xi) + h_k(\xi)\,, \tag{3}$$

d. h. f erfüllt eine Rechenregel vom Typ (2), Abschnitt 3.1. Die Maßnahmen von Abschnitt 4 A sind verwendbar, um $x = \operatorname{inv} f(y) = \sqrt[p]{y}$ zu berechnen. *Beginnend mit $y_{1,0} = f(x_0) = 0$ hat man die $y_{k,m}$ nach der Rekursionsformel*

$$y_{k,m+1} = y_{k,m} + \sum_{l=0}^{p-1} \binom{p}{l} (x_{k,m})^l\, x_k^{p-l}\,, \qquad m = 0, 1, \dots, n_k\,, \tag{4}$$

zu ermitteln. n_k ist dasjenige m, für welches $y_{k,m} \leqq y < y_{k,m+1}$ gilt, und $y_{k+1,0} = y_{k,n_k}$. Die mit Hilfe der $n_1, \dots, n_{k-1}$ gebildeten $x_{k,m}$, $m = 0, \dots, n_k$; $k = 1, 2, \dots$, streben gegen $\sqrt[p]{y}$. Der Unterschied $\sqrt[p]{y} - x_{k,m}$ ist $\geqq 0$ und $< x_{k-1}$. Wenn man im B-System rechnet, empfiehlt es sich, $x_k = B^{k_0-k}$ zu wählen; die Multiplikationen mit x_k^{p-l} sind dann Stellenverschiebungen. Die Potenzen $(x_{k,m})^l$, $l = 1, \dots, p-1$, sollte man zweckmäßiger Weise ebenfalls rekursiv berechnen. Dazu führe man die Abkürzungen

$$y_{k,m,l} = (x_{k,m})^l\,, \qquad l = 1, 2, \dots, p\,, \qquad z_{k,l} = x_k^l = B^{(k_0-k)l} \tag{5}$$

ein. *Es gelten dann die Rekursionen* $y_{k,m+1,0} = y_{k,m,0} = 1$,

$$y_{k,m+1,l} = y_{k,m,l} + \sum_{j=0}^{l-1} \binom{l}{j} z_{k,l-j}\, y_{k,m,j} \quad \text{für} \quad l = 1, 2, \dots, p\,, \tag{6}$$

und

$$y_{k,m+1} = y_{k,m+1,p}\,. \tag{7}$$

Bei nicht zu großen p kann man die Multiplikationen mit $\binom{l}{j}$ als wiederholte Additionen mit den gleichen Summanden ausführen, so daß die sukzessive Berechnung von $y_{k,m}$ auf einfachste Operationen hinausläuft.

Für Handrechnungen, bei Rechnungen ohne den Zwang, sich auf einfachste Operationen zu beschränken, ist das Berechnen der $y_{k,0}$, $y_{k,1}$, ..., und das ständige Überprüfen der Ungleichung $y_{k,m} \leqq y < y_{k,m+1}$ zu langwierig. Man möchte möglichst unmittelbar von $x_{k,0}$ zu $x_{k,n_k} = x_{k,0} + n_k x_k$ übergehen. Nach Definition von n_k gilt

$$(x_{k,0} + n_k x_k)^p \leqq y < (x_{k,0} + (n_k + 1)\, x_k)^p\,,$$

woraus bei obiger Wahl von x_k

$$(x_{k,0})^p + p(x_{k,0})^{p-1}\, n_k x_k \leqq y < (x_{k,0})^p + p(x_{k,0})^{p-1}\, (n_k + 1)\, x_k + \sum_{j=2}^{p} \binom{p}{j} (x_{k,0})^{p-j}\, (B x_k)^j$$

entsteht. Daher ergibt sich mit entier $^*\xi$ = größte ganze Zahl $< \xi$

$$n_k \begin{cases} \leqq \min\left\{B - 1, \text{entier}\left[\dfrac{y - (x_{k,0})^p}{p(x_{k,0})^{p-1} x_k}\right]\right\} =: n_k'' \\[2ex] \geqq \max\left\{0, \text{entier}^*\left[\dfrac{y - (x_{k,0})^p - \sum\limits_{j=2}^{p} \binom{p}{j} (x_{k,0})^{p-j}\, (B x_k)^j}{p(x_{k,0})^{p-1}\, x_k}\right]\right\} =: n_k' \end{cases} \tag{8}$$

Sei $x_{k,0}$ bereits berechnet und n_k sowie $x_{k+1,0} = x_{k,0} + n_k x_k$ gesucht. Man wähle als erste Möglichkeit für n_k die obere Schranke n_k'' und teste, ob für $x_{k,n_k''} = x_{k,0} + n_k'' x_k$ der Funktionswert $y_{k,n_k''} \leqq y$ ist. Wenn dies zutrifft, ist in der Tat $n_k = n_k''$. Wenn nicht, so wähle man $n_k'' - 1$ als zweite Möglichkeit für n_k und überprüfe die Wahrheit dieser Wahl durch Überprüfung von $y_{k,n_k''-1} \leqq y$ usw. Auf diese Weise gelangt man zu n_k i. a. in weniger als n_k Schritten. Man kann sich auch von unten, von n_k' an den Wert n_k herantasten. Man wähle als erste Möglichkeit für n_k die untere Schranke n_k' und teste, ob $y < y_{k,n_k'+1}$. Wenn dies zutrifft, ist $n_k = n_k'$. Wenn nicht, wähle man $n_k' + 1$ als 2. Möglichkeit für n_k und überprüfe dies an Hand der Ungleichung $y < y_{k,n_k'+2}$ usw.

Die willkürliche ganze Zahl k_0 wähle man am besten so: Man gehe von der Zifferndarstellung des Radikanden im B-System aus und teile die Ziffern, vom Komma beginnend, in Wörter aus jeweils p aufeinanderfolgenden Ziffern ein, so daß

$$y = \eta_{(k_0-1)p+p-1} \cdots \eta_{(k_0-1)p}| \cdots |\eta_{p-1} \cdots \eta_0|, |\eta_{-1} \cdots \eta_{-p}| \cdots \tag{9}$$

wird. Den Wörtern ordne man, vom Komma nach links fortschreitend, die Nummern 1, 2, ..., vom Komma nach rechts fortschreitend, die Nummern 0, −1, ... zu. k_0 sei dann gleich der größten der Nummern, die zu einem Wort aus nicht lauter Ziffern 0 gehören. Diese Wahl bewirkt, daß n_1, in der Darstellung von x der Koeffizient von $x_1 = B^{k_0-1}$, ungleich Null und zwar $=$ entier $\sqrt[p]{\eta_{k_0 p-1} \cdots \eta_{(k_0-1)p}}$ wird.

5.5. (sn x, cn x, dn x)

Wir setzen $f(x) = (\text{sn}\, x, \text{cn}\, x, \text{dn}\, x)$, $-\infty < x < \infty$, *und* $x_0 = 0$. Hier bedeuten sn, cn, dn die bekannten Jacobischen Funktionen (s. TRICOMI [5], S. 118ff) zu einem Parameterwert k zwischen 0 und 1. Bekanntlich kommt man zu diesen Funktionen auf die folgende Weise. Man betrachtet das elliptische Integral 1. Gattung

$$x = \int_0^{\varphi} \frac{d\varphi}{\sqrt{1 - k^2 \sin^2 \varphi}} \; (=: x(\varphi)) \tag{10}$$

als Funktion $x(\cdot)$ der oberen Grenze φ. Sie ist monoton wachsend und stetig. Ihre Umkehrfunktion $x \to \varphi(x)$ ist daher eindeutig definiert. Dann wird festgelegt:

$$\text{sn}\, x = \sin \varphi(x)\,, \qquad \text{cn}\, x = \cos \varphi(x)\,, \qquad \text{dn}\, x = +\sqrt{1 - k^2 \sin^2 \varphi(x)}\,. \tag{11}$$

Alle Funktionen sind stetig. sn, dn sind periodisch mit der Periode $4 \cdot x(\pi/2)$, dn mit der Periode $2 \cdot x(\pi/2)$. sn, cn haben, über der x-Achse dargestellt, innerhalb ihres Periodizitätsintervalls, geringe Ähnlichkeit mit sin, cos über deren Periodizitätsintervall. sn ist eine ungerade, cn und dn sind gerade Funktionen, so daß wir uns auf den

Fall $x \geqq 0$ beschränken wollen. $f(x_0) = f(0) = (0, 1, 1)$. Um Basisargumente und zugehörige f-Werte zu erhalten, wähle man eine Folge $\varphi_1 > \varphi_2 > \ldots \to 0$ und berechne dazu die Integralwerte $x_1 = x(\varphi_1)$, $x_2 = x(\varphi_2)$, ... mit Hilfe eines Quadraturverfahrens. Dann ergibt sich

$$y_k = f(x_k) = (y_k^{(1)}, y_k^{(2)}, y_k^{(3)}) = (\sin \varphi_k, \cos \varphi_k, \sqrt{1 - k^2 \sin^2 \varphi_k}) . \tag{12}$$

Die 3-dimensionale Vektorfunktion erfüllt ein Additionstheorem, denn es gilt

$$\left.\begin{aligned} \operatorname{sn}(\xi_1 + \xi_2) &= [\operatorname{sn}\xi_1 \cdot \operatorname{cn}\xi_2 \cdot \operatorname{dn}\xi_2 + \operatorname{sn}\xi_2 \cdot \operatorname{cn}\xi_1 \cdot \operatorname{dn}\xi_1]/D, \\ \operatorname{cn}(\xi_1 + \xi_2) &= [\operatorname{cn}\xi_1 \cdot \operatorname{cn}\xi_2 - \operatorname{sn}\xi_1 \cdot \operatorname{dn}\xi_1 \cdot \operatorname{sn}\xi_2 \cdot \operatorname{dn}\xi_2]/D, \\ \operatorname{dn}(\xi_1 + \xi_2) &= [\operatorname{dn}\xi_1 \cdot \operatorname{dn}\xi_2 - k^2 \cdot \operatorname{sn}\xi_1 \cdot \operatorname{cn}\xi_1 \cdot \operatorname{sn}\xi_2 \cdot \operatorname{cn}\xi_2]/D \end{aligned}\right\} \tag{13}$$

mit $D = 1 - k^2 \operatorname{sn}^2 \xi_1 \cdot \operatorname{sn}^2 \xi_2$.

Um zu beliebigem gegebenen Argument $x > 0$ den Funktionswert $f(x)$ zu errechnen, denke man sich x gemäß Formel (1), Abschnitt 2.1., dargestellt, und wende man die Überlegungen von Abschnitt 3.1. an. *Beginnend mit* $y = f(x_{1,0}) = f(x_0) = (0, 1, 1)$, *hat man die Näherungen* $y_{k,m} = (y_{k,m}^{(1)}, y_{k,m}^{(2)}, y_{k,m}^{(3)})$ *nach den Rekursionsformeln*

$$\left.\begin{aligned} y_{k,m+1}^{(1)} &= [y_{k,m}^{(1)} y_k^{(2)} y_k^{(3)} + y_k^{(1)} y_{k,m}^{(2)} y_{k,m}^{(3)}]/D_{k,m}, \\ y_{k,m+1}^{(2)} &= [y_{k,m}^{(2)} y_k^{(2)} - y_{k,m}^{(1)} y_{k,m}^{(3)} y_k^{(1)} y_k^{(3)}]/D_{k,m}, \\ y_{k,m+1}^{(3)} &= [y_{k,m}^{(3)} y_k^{(3)} - k^2 y_{k,m}^{(1)} y_{k,m}^{(2)} y_k^{(1)} y_k^{(2)}]/D_{k,m} \\ \textit{mit}\quad D_{k,m} &= 1 - k^2 (y_{k,m}^{(1)})^2 (y_k^{(1)})^2 \end{aligned}\right\} \tag{14}$$

zu berechnen. Die $y_{k,m}$, $m = 0, \ldots, n_k$; $k = 1, 2, \ldots$, *streben gegen* $f(x)$ (komponentenweise). Durch den Homogenisierungsansatz $y_{k,m}^{(i)} = u_{k,m}^{(i)}/u_{k,m}^{(0)}$, $i = 1, 2, 3$, kann man aus (13) Rekursionsformeln für die $u_{k,m}^{(i)}$, $i = 0, 1, 2, 3$, bezüglich m herleiten und das ständige Dividieren durch $D_{k,m}$ vermeiden. Da die Komponentenfunktionen sn, cn von f für $x \neq n \cdot 2x(\pi/2)$ und dn für $x \neq n \cdot x(\pi/2)$ lokal monoton sind, kann man für hinreichend große k aus $y_{k,n_k}^{(i)}$ und $y_{k,n_k+1}^{(i)}$, $i = 1, 2, 3$, eingrenzende Intervalle zu sn x, cn x, dn x bilden.

Der soeben behandelte Fall ist nur ein Beispiel für eine Menge von Funktionen, die ein Additionstheorem oder eine verwandte Rechenregel erfüllen und nach den dargestellten Überlegungen berechnet werden könnten. Die Funktionen $f(x) = (\sin x, \cos x)$, $f(x) = (\sinh x, \cosh x)$, $f(x) = \operatorname{tgh} x$ sind weitere triviale Beispiele. Viele nichttriviale Anwendungen werden sich aus folgendem wohlbekannten Umstand ergeben. Der als Fundamentalmatrix, Evolutionsoperator oder (Halb-) Gruppe bezeichnete Operator $E(t)$, welcher der Anfangsbedingung $w(0) = w_0$ die Lösung $w(t) = E(t)\, w_0$ der (abstrakten) autonomen (evtl. nichtlinearen) Differentialgleichung

$$w' = Aw$$

(s. etwa [1]) zuordnet, besitzt die (Halb-) Gruppeneigenschaft

$$E(t' + t'') = E(t')\, E(t''),$$

erfüllt also ein Additionstheorem. $V_f(x) = x^\alpha$, $\alpha > 0$ und reell, erfüllt ein Multiplikationstheorem.

Rechnerisch häufig günstiger sind Annäherungen an die Argumente x durch „Folgen" $x_{k,m}$ von oben und von unten. Im additiven Fall seien die Basisargumente x_k nun im Gegensatz zum Abschnitt 2 abwechselnd positiv und negativ:

$$x_1 > -x_2 > x_3 > x_4 > \ldots \to 0, \quad \text{z. B.} \quad x_k = (-1)^{k-1} B^{k_0 - k} . \tag{15}$$

Die n_k sind als diejenigen m zu bestimmen, welche

$$x_{k,n_k-1} < x \leqq x_{k,n_k} \quad \text{bzw.} \quad x_{k,n_k-1} > x \geqq x_{k,n_k} \tag{16}$$

erfüllen, je nachdem k ungerade oder gerade oder gleich 0 ist. Es gilt dann

$$0 \leqq \pm(x - x_{k-m}) < \mp x_{k-1}, \qquad m = 0, \ldots, n_k - 1; \qquad k = 2, 3, \ldots \tag{17}$$

Im multiplikativen Fall seien die positiven x_k abwechselnd $>$ bzw. <1:

$$x_1 > x_2^{-1} > x_3 > x_4^{-1} > \ldots \to 1, \qquad \text{z. B.} \qquad x_k = 1 + (-1)^{k-1} B^{k_0 - k} . \tag{18}$$

Die n_k sind wie in (16) zu bestimmen. Es gilt dann

$$0 \leqq \pm(x - x_{k,m}) < x(x_{k-1}^{\mp 1} - 1), \qquad m = 0, \ldots, n_{k-1}; \; k = 2, 3, \ldots \tag{19}$$

Die nun nötigen Modifikationen im Rechenprozeß liegen auf der Hand. In einem Rechnerprogramm sind die $x_{l,m}$ natürlich durch eine indexfreie Variable v zu repräsentieren.

Literatur

1 DUNFORD, N.; SCHWARTZ, J. T., Linear Operators. I, Interscience Publishers, New York 1958.
2 EGBERT, W. E., Personal computer algorithms, Hewlett-Packard Journal (1977) May, June, Nov.
3 MEGITT, J. E., Pseudo division and pseudo multiplication processes, IBM Journal, (1962) April, 210—226.
4 PEDERSEN, P. W., Some approximations and algorithms for calculators and microcomputers, in: Num. Methoden d. Approximationstheorie Bd. 4, Birkhäuser Verl., Basel 1978.
5 TRICOMI, F., Elliptische Funktionen, Akademische Verlagsges. Geest & Portig, Leipzig 1948.
6 VOLDER, J. E., The CORDIC trigonometric computing technique, IRE Trans. Electr. Comp. EC-8 (1959) 5, 330—334.

Eingegangen am 6. Februar 1984

Anschrift: Professor Dr. LEONHARD BITTNER, Ernst-Moritz-Arndt-Universität Greifswald, Sektion Mathematik, L.-Jahn-Str. 15a DDR-2200 Greifswald

ZAMM · Z. angew. Math. Mech. 65 (1985) 12, 613 – 621

BREMER, H.

Dynamik von Mehrkörpersystemen mit elastischen Bauteilen

In vielen Fällen wird es notwendig, die Bauteilelastizitäten in Mehrkörpersystemen zu berücksichtigen, beispielsweise bei der Berechnung von leichten und schnellen Industrierobotern. Das Differentialgleichungssystem der Bewegungsgleichungen umfaßt dann die großen Starrkörperbewegungen und die relativ überlagerten elastischen Deformationen, die als vergleichsweise klein angenommen werden können. Für die Bestimmung dieser Gleichungen wird, ausgehend von einem Einbalkensystem, für Mehrkörpersysteme ein rekursives Vorgehen vorgeschlagen.

In many cases it will be necessary to consider the subsystem elasticity within multibody systems, as for instance for the calculation of light and rapid industrial robots. Then, the governing differential equations of motion contain the big rigid body motion as well as the superposed elastic deflection, which in comparison can be assumed to be small. Starting with a one-element-system, a recursive procedure for the determination of the equations of motion of Multi-Beam-Systems is proposed.

Во многих случаях необходимо учитывать упругость отдельных составных частей в системах многих тел, например, при рассчёте лёгких и быстрых производственных роботов. Система дифференциальных уравнений движения описывает тогда большие движения жёстких тел и налагаемые относительно друг друга упругие деформации, которые можно предположить сравнительно мальми. Для составления этих уравнений для системы многих тел предлагается рекурсивный метод, исходящий из системы, состоящей из одной балки.

1. Einleitung

Die Dynamik von Mehrkörpersystemen, charakterisiert durch ihre Bewegungsdifferentialgleichungen, wird dann, wenn einzelne Körper des Systems als elastisch verformbar angesehen werden müssen, reichlich kompliziert. Eine derartige Modellierung ist deshalb nur dort vorzusehen, wo diese Bauteile in mehr als einer Eigenschwingungsform angeregt werden können; dann genügt eine Modellvorstellung, die von einer äquivalenten Ersatzfederkonstanten Gebrauch macht, nicht mehr. Beispiele dafür, wo verformbare Teilsysteme in die Betrachtung miteingehen müssen, sind z. B. die Rotorblätter eines Hubschraubers, [1], [2], Ultrazentrifugen, deren Drehzahl die ersten Biegeeigenfrequenzen übersteigt, [3], oder extrem schnelle Roboter, deren Bauteile entsprechend leicht ausgelegt werden müssen, [4], [14].

Für Mehrkörpersysteme mit starren Bauteilen existiert eine Reihe von Verfahren zur Bestimmung der Bewegungsgleichungen, [5], deren nähere Betrachtung schnell zu dem Schluß führt, daß die Verwendung der „analytischen Methoden" (z. B. HAMILTON, LAGRANGE) zu extremem Arbeitsaufwand führt und daher wenig effizient ist, [6], [7]. Hier führt vielmehr die Auswertung des d'Alembertschen Prinzips (in der Fassung von LAGRANGE, [6], bzw. Lagrange-Prinzip, [8]) über Impuls- und Drallsatz (Eulersche Fundamentalgleichungen, [9]) auf direktem Wege zum Ziel. Für Mehrkörpersysteme mit starren Bauteilen ist dieser Weg in [6] aufgezeichnet und in [10] in einem Rechnerprogrammsystem erstellt worden, das die Gleichungen in Form von analytischen Ausdrücken liefert.

Bei Mehrkörpersystemen mit elastischen Bauteilen kann man i. a. davon ausgehen, daß die Deformationen vergleichsweise klein und damit linearisierbar sind. Dies gilt natürlich nicht für die großen Bewegungen wie z. B. die Drehung des eingangs erwähnten Hubschrauberblatts oder die Relativwinkel ziwschen den Teilarmen eines schnellen Roboters. Diese Bewegungen sollen im weiteren als „Starrkörperbewegungen" bezeichnet werden. Bei fehlender elastischer Deformation werden sie durch die oben erwähnten Gleichungen starrer Mehrkörpersysteme beschrieben, die auch weiterhin ein Kernstück des Gesamtsystems darstellen. Es bleibt die Frage zu beantworten, welche Ergänzungen bei Hinzunahme elastischer Verformungen notwendig sind. Die im folgenden betrachteten elastischen Bauteile sollen dabei als „balkenförmig" angesehen werden.

2. Mehrkörpersysteme mit starren Bauteilen

Mit Hilfe des d'Alembert-(Lagrange-)Prinzips

$$\int\limits_{(S)} [\ddot{\boldsymbol{r}}\,\mathrm{d}m - \mathrm{d}\boldsymbol{f}^e]^T\,\delta\boldsymbol{r} = 0\,, \quad (\dot{\ }) = \frac{\mathrm{d}}{\mathrm{d}t}, \tag{1}$$

lassen sich die Bewegungsgleichungen in vier Schritten angeben: Die Integration über das Gesamtsystem (S) wird aufgespalten in eine Summation über die Teilkörper und eine Integration über diese, die Geschwindigkeit eines Massenelements dm aus dem Gesamtsystem, charakterisiert durch den Ortsvektor $\boldsymbol{r}$, wird ersetzt durch die Schwerpunktsgeschwindigkeit und die durch die Drehung überlagerte Relativgeschwindigkeit jedes Teilkörpers, die Integration über den Teilkörper wird durchgeführt unter Einbeziehung des Boltzmannschen Axioms (die Oberflächenkräfte am betrachteten Element erzeugen kein resultierendes Moment, Symmetrie des Spannungstensors). Die Berücksichtigung der funktionalen Abhängigkeit der Translations- und Rotationskoordinaten von bestimmten Minimalkoordinaten $\boldsymbol{z}$ liefert schließlich

$$\delta\boldsymbol{z}^T\left[\sum_{i=1}^{n}\left\{\left(\frac{\partial\boldsymbol{r}_s}{\partial\boldsymbol{z}}\right)^T(m\ddot{\boldsymbol{r}}_s - \boldsymbol{f}^e) + \left(\frac{\partial\boldsymbol{s}}{\partial\boldsymbol{z}}\right)^T(\boldsymbol{I}\dot{\boldsymbol{\omega}} + \tilde{\boldsymbol{\omega}}\boldsymbol{I}\boldsymbol{\omega} - \boldsymbol{l}^e)\right\}_i\right] = 0\,, \tag{2}$$

Def: $\tilde{\boldsymbol{a}}\boldsymbol{b} = \boldsymbol{a} \times \boldsymbol{b}$, $\tilde{\boldsymbol{a}}$: 3×3-schiefsymmetrischer Tensor.

Da die z_i frei wählbar sind, stellt die eckige Klammer die Bewegungsgleichung dar. Hierin bedeuten $\boldsymbol{r}_s$ Schwerpunktsvektor, $\boldsymbol{\omega}$ Absolutwinkelgeschwindigkeit, $\boldsymbol{s}$ die zugehörige „Winkelverdrehung" ($\boldsymbol{\omega}\ \mathrm{d}t = \mathrm{d}\boldsymbol{s}$), m, $\boldsymbol{I}$ Masse und Tensor der Massenträgheitsmomente, $\boldsymbol{f}^e$ und $\boldsymbol{l}^e$ eingeprägte Kräfte und Momente. Die Beschreibung erfolgt über Impuls- und Drallsatz des jeweils betrachteten Teilkörpers, die über die Funktionalmatrizen in die Richtung der verallgemeinerten Koordinaten projiziert werden. Da in diesen keine Zwangskräfte vorherrschen können, bleiben nur die eingeprägten zu berücksichtigen, und das Problem der Elimination der Zwangskräfte bei Verwendung des Schnittprinzips ist von vornherein umgangen. Die Anzahl der im System vorhandenen Teilkörper wird hier mit n bezeichnet. Das Gleichungssystem bezieht sich auf den jeweiligen Teilschwerpunkt, charakterisiert durch den Schwerpunktsvektor $\boldsymbol{r}_s$, und ist gültig sowohl bei Verwendung des jeweiligen körperfesten Systems (die Absolutbeschleunigung im Impulsanteil ist entsprechend zu definieren) als auch im Intertialkoordinatensystem, [6].

Die Verwendung des Körperschwerpunkts als Bezugspunkt ist bei der Betrachtung von Systemen mit elastischen Bauteilen in aller Regel nicht vorteilhaft, da hier ein Basissystem für die Deformationskoordinaten zu definieren ist. Geht man jedoch auf einen allgemeinen körperfesten Bezugspunkt 0 über, so erhält man mit Hilfe des Zusammenhangs

$$\delta \boldsymbol{r}_s = \left[\left(\frac{\partial \boldsymbol{r}_0}{\partial \boldsymbol{z}}\right) + \tilde{\boldsymbol{r}}_{0S}^T \left(\frac{\partial \boldsymbol{s}}{\partial \boldsymbol{z}}\right)\right] \delta \boldsymbol{z} \tag{3}$$

die symmetrische Form

$$\delta \boldsymbol{z}^T \left[\sum_{i=1}^{n} \left\{\left(\frac{\partial \boldsymbol{r}_0}{\partial \boldsymbol{z}}\right)^T (\dot{\boldsymbol{p}}_F + \dot{\boldsymbol{p}} + \tilde{\boldsymbol{\omega}}\boldsymbol{p} - \boldsymbol{f}^e) + \left(\frac{\partial \boldsymbol{s}}{\partial \boldsymbol{z}}\right)^T (\dot{\boldsymbol{L}}_F + \dot{\boldsymbol{L}} + \tilde{\boldsymbol{\omega}}\boldsymbol{L} - \boldsymbol{l}^e)\right\}_i\right] = 0 \,. \tag{4}$$

Die eckigen Klammern stellen die Bewegungsgleichungen für den Bezugspunkt 0 dar; es gelten weiterhin die Führungsimpulse $\boldsymbol{p}_F = m\dot{\boldsymbol{r}}_0$, $\boldsymbol{L}_F = \tilde{\boldsymbol{r}}_{0S} m \dot{\boldsymbol{r}}_0$ und die Relativimpulse $\boldsymbol{p} = \tilde{\boldsymbol{r}}_{0S} m \boldsymbol{\omega}$, $\boldsymbol{L} = \boldsymbol{I}^0 \boldsymbol{\omega}$ mit dem Trägheitstensor bezüglich des Bezugspunkts 0. Mit $\dot{\boldsymbol{L}} = \boldsymbol{I}^0 \dot{\boldsymbol{\omega}}$ gelten diese Beziehungen sowohl im körperfesten als auch im inertialen Koordinatensystem. Da die gesamte virtuelle Arbeit, ausgedrückt in (4), aus einer Summe über die Wirkungen der einzelnen Teilkörper besteht, können für diese jeweils unterschiedliche Koordinatensysteme verwendet werden, bei gleicher Wahl von Minimalkoordinaten $\boldsymbol{z}$. Im folgenden werden körperfeste Koordinatensysteme verwendet.

Eine der auftretenden Schwierigkeiten bei der Auswertung von (4) ist die Tatsache, daß die rechte Seite von

$$\mathrm{d}\boldsymbol{s} = \boldsymbol{\omega}\ \mathrm{d}t = \frac{\partial \boldsymbol{s}}{\partial \boldsymbol{z}} \mathrm{d}\boldsymbol{z} + \frac{\partial \boldsymbol{s}}{\partial t} \mathrm{d}t \tag{5}$$

i. a. kein vollständiges Differential darstellt, z. B. bei Verwendung von Kardanwinkeln, und somit der direkte Zugang zu den „Verdrehungen" $\boldsymbol{s}(\boldsymbol{z})$ verwehrt ist. Die Betrachtung der Geschwindigkeiten,

$$\boldsymbol{\omega} = \frac{\partial \boldsymbol{s}}{\partial \boldsymbol{z}} \dot{\boldsymbol{z}} + \frac{\partial \boldsymbol{s}}{\partial t}; \qquad \boldsymbol{v} = \frac{\partial \boldsymbol{r}}{\partial \boldsymbol{z}} \dot{\boldsymbol{z}} + \frac{\partial \boldsymbol{r}}{\partial t}, \tag{6}$$

ergibt jedoch durch partielle Differentiation nach den verallgemeinerten Geschwindigkeiten $\dot{\boldsymbol{z}}$ stets den Zusammenhang

$$\frac{\partial \boldsymbol{\omega}}{\partial \dot{\boldsymbol{z}}} = \frac{\partial \boldsymbol{s}}{\partial \boldsymbol{z}}; \qquad \frac{\partial \boldsymbol{v}}{\partial \dot{\boldsymbol{z}}} = \frac{\partial \boldsymbol{r}}{\partial \boldsymbol{z}}, \tag{7}$$

womit die explizite Bestimmung der $\boldsymbol{s}(\boldsymbol{z})$ umgangen werden kann. Da ferner die Geschwindigkeiten mechanischer Systeme stets linear in den $\dot{\boldsymbol{z}}$ sind, im Gegensatz zu den Lagegrößen, die i. a. nichtlinear in den $\boldsymbol{z}$ sind, ist die Bildung der Funktionalmatrizen (Jacobimatrizen) mit Hilfe der Geschwindigkeitsrelationen eine wesentlich einfachere Prozedur als über die partielle Ableitung der Lagegrößen. Ferner ist die Winkelgeschwindigkeit einfach und eindeutig durch Teiltransformationen bestimmbar. Bei Verwendung von Kardanwinkeln α, β, γ z. B. erhält man

$$\boldsymbol{I}^\omega = [\boldsymbol{e}_1 \mid \boldsymbol{A}_\alpha \boldsymbol{e}_2 \mid \boldsymbol{A}_\alpha \boldsymbol{A}_\beta \boldsymbol{e}_3] \begin{pmatrix} \dot{\alpha} \\ \dot{\beta} \\ \dot{\gamma} \end{pmatrix} + \boldsymbol{A}\boldsymbol{\omega}_F = \frac{\partial \boldsymbol{s}}{\partial \boldsymbol{z}} \dot{\boldsymbol{z}} + \frac{\partial \boldsymbol{s}}{\partial t} \tag{8}$$

mit $\boldsymbol{A}_i$ als Teiltransformation (Elementardrehung), die durch den indizierten Winkel gekennzeichnet ist, $\boldsymbol{e}_i$ als Einsvektoren und $\boldsymbol{\omega}_F$ als vorgegebene zeitabhängige Führungswinkelgeschwindigkeit (z. B. Solldrehung eines Rotors), die mit Hilfe der Transformation $\boldsymbol{A}$ in das Koordinatensystem der Minimalkoordinaten transformiert wird. Für einen einzelnen starren Körper sind dabei die Kardanwinkel gleich den Minimalkoordinaten, wenn keine weiteren Beschränkungen vorliegen. Auf die Beziehungen (4) und (8) wird an späterer Stelle Bezug genommen.

3. Mehrkörpersysteme mit elastischen Bauteilen

Für die einzelnen (elastischen, balkenförmigen) Körper wird ein körperfester Koordinatenursprung 0 gewählt, die x-Achse sei stets die elastische Achse (Schubmittelpunktsachse). Es empfiehlt sich, die Geschwindigkeiten nach Starrkörpergeschwindigkeiten und relativ überlagerter elastischer Deformationsgeschwindigkeit aufzutrennen:

$$\left.\begin{array}{ll} \text{Starrkörperbewegung} & \boldsymbol{v}(\boldsymbol{z}, \dot{\boldsymbol{z}}, t);\ \boldsymbol{\omega}(\boldsymbol{z}, \dot{\boldsymbol{z}}, t) \\ \text{Elast. Deformation} & \dot{\boldsymbol{s}}(\dot{\boldsymbol{q}}, x);\ \dot{\boldsymbol{\varphi}}(\dot{\boldsymbol{q}}, x)\,. \end{array}\right\} \tag{9}$$

Dabei sind $\boldsymbol{z}$ die Minimalkoordinaten der Starrkörperbewegung, $\boldsymbol{q}$ diejenigen der elastischen Deformation. Entsprechend (7) erhält man mit

$$\dot{\boldsymbol{s}}(\dot{\boldsymbol{q}}, x) = \left(\frac{\partial \dot{\boldsymbol{s}}}{\partial \dot{\boldsymbol{q}}}\right) \dot{\boldsymbol{q}} = \bar{\boldsymbol{J}}_T(x)\, \dot{\boldsymbol{q}}\ ; \qquad \dot{\boldsymbol{\varphi}}(\dot{\boldsymbol{q}}, x) = \left(\frac{\partial \dot{\boldsymbol{\varphi}}}{\partial \dot{\boldsymbol{q}}}\right) \dot{\boldsymbol{q}} = \bar{\boldsymbol{J}}_R(x)\, \dot{\boldsymbol{q}} \tag{10}$$

die Jacobimatrizen der elastischen Relativverformung. Nach Voraussetzung sollen diese klein sein. Dann hängt einerseits $\dot{\boldsymbol{s}}$, $\dot{\boldsymbol{\varphi}}$ nicht explizit von $\boldsymbol{q}$ ab, vgl. (9), ferner sollen die betrachteten Bauteile elastisch sein, so daß auch keine rheonomen (zeitabhängigen, Fließ-) Bedingungen zu berücksichtigen sind. Wegen der vorausgesetzten Kleinheit der Deformationen gilt der Zusammenhang (10) auch für die Lagegrößen:

$$\boldsymbol{s} = \big(u(x, t), v(x, t), w(x, t)\big)^T = \bar{\boldsymbol{J}}_T \boldsymbol{q}\ , \qquad \boldsymbol{\varphi} = \big(\vartheta(x, t), \varphi(x, t), \psi(x, t)\big)^T = \bar{\boldsymbol{J}}_R \boldsymbol{q}\ . \tag{11}$$

Die Beziehung (11) beinhaltet den Euler-Bernoullischen Separationsansatz, der hier als Lösungsansatz Eingang finden soll. Es bleibt ferner die Art der Balkenschwingungen zu definieren: Bei Berücksichtigung von Schubeinflüssen (Timoshenko-Balken) sind alle Koordinaten von $\boldsymbol{s}$ und $\boldsymbol{\varphi}$ voneinander unabhängig; die Translationsgrößen bezeichnen die Gesamtverschiebung, während die Rotationsgrößen lediglich die schubunabhängigen Drehwinkel des Elements beinhalten. Die Zahl der Freiheitsgrade eines Elements beträgt damit $f = 6$ für je eine betrachtete Schwingungsform. Dagegen reduziert sich die Zahl der Freiheitsgrade bei Betrachtung des Euler-Bernoulli- oder des Rayleighbalken auf $f = 4$, da die y-, z-Komponenten der Winkelverformung den Tangenten der Gesamtauslenkung entsprechen. Die Deformationskoordinaten werden als Funktionen im Basissystem des undeformierten Zustands definiert. Damit kann die Beziehung (4), angewendet auf ein Massenelement des Gesamtsystems, für die Beschreibung der Gesamtdynamik herangezogen werden. Zur Klärung der Verhältnisse wird zunächst nur ein „Einkörpersystem" (z. B. das eingangs erwähnte Hubschrauberblatt) in Betracht gezogen. Hierbei soll angenommen werden, daß die Schwerpunktsachse und die elastische Achse (x) zusammenfallen. Für die Beschreibung wird ein Vektor $\boldsymbol{x}$ definiert, der nur in der ersten Komponente besetzt ist.

3.1. Impuls- und Dralländerungen

Die Translationsgeschwindigkeit eines Elements (Index E) im unverformten Koordinatensystem (Index 0) läßt sich anschreiben als

$$_0\boldsymbol{v}_E = [\tilde{\boldsymbol{x}} + \tilde{\boldsymbol{s}}]^T \boldsymbol{\omega} + (\boldsymbol{v}_0 + \dot{\boldsymbol{s}}) \tag{12}$$

mit $\boldsymbol{\omega}$ als Starrkörperwinkelgeschwindigkeit und $\boldsymbol{v}_0$ als Starrkörpertranslationgeschwindigkeit des Ursprungs 0. Demgegenüber ist es zunächst günstiger, im Hinblick auf den Drallsatz, die Winkelgeschwindigkeit des Elements im elementfesten, mit der Verformung mitgehenden Koordinatensystem E anzuschreiben. Im allgemeinen wird dies ein Hauptachsensystem für das betrachtete Element sein. Es gilt dann

$$_E\boldsymbol{\omega}_E = [\boldsymbol{E} + \tilde{\boldsymbol{\varphi}}]^T (\boldsymbol{\omega} + \dot{\boldsymbol{\varphi}}); \qquad \boldsymbol{E}\text{: Einheitsmatrix}\ . \tag{13}$$

Mit den Impulsgrößen $\boldsymbol{p}^*$ im unverformten und den Dralltermen $\boldsymbol{L}^*$ im verformten System,

$$\boldsymbol{p}^* = m^*{}_0\boldsymbol{v}_E; \qquad \boldsymbol{L}^* = \boldsymbol{I}^*{}_E\boldsymbol{\omega}_E \tag{14}$$

lauten Impuls- und Drallsatz des Elements im Basissystem 0

$$\begin{aligned} {}_0\dot{\boldsymbol{p}}^*_{\text{abs}} &= \boldsymbol{p}^* + \tilde{\boldsymbol{\omega}}\boldsymbol{p}^* = m^*\boldsymbol{E}\ddot{\boldsymbol{s}} + 2m^*\tilde{\boldsymbol{\omega}}\dot{\boldsymbol{s}} + m^*\tilde{\boldsymbol{\omega}}\tilde{\boldsymbol{\omega}}\boldsymbol{s} + m^*\dot{\tilde{\boldsymbol{\omega}}}\boldsymbol{s} + m^*[(\dot{\tilde{\boldsymbol{\omega}}} + \tilde{\boldsymbol{\omega}}\tilde{\boldsymbol{\omega}})\,\boldsymbol{x} + \dot{\boldsymbol{v}}_0] = \\ &\qquad \boldsymbol{M}_T^*\ddot{\boldsymbol{s}} + \boldsymbol{G}_T^*\dot{\boldsymbol{s}} + \boldsymbol{K}_T^*\boldsymbol{s} + \boldsymbol{N}_T^*\boldsymbol{s} + \boldsymbol{h}_T^*\ ; \end{aligned} \tag{15}$$

$$\begin{aligned} {}_0\dot{\boldsymbol{L}}^*_{\text{abs}} &= [\boldsymbol{E} + \tilde{\boldsymbol{\varphi}}]\,[\dot{\boldsymbol{L}}^* + {}_E\tilde{\boldsymbol{\omega}}_E\boldsymbol{L}^*] = \\ &= \boldsymbol{I}^*\ddot{\boldsymbol{\varphi}} + [\boldsymbol{I}\tilde{\boldsymbol{\omega}} - \widetilde{\boldsymbol{I}\boldsymbol{\omega}} + \tilde{\boldsymbol{\omega}}\boldsymbol{I}]^*\,\dot{\boldsymbol{\varphi}} + [\tilde{\boldsymbol{\omega}}\boldsymbol{I}\tilde{\boldsymbol{\omega}} - \tilde{\boldsymbol{\omega}}\widetilde{\boldsymbol{I}\boldsymbol{\omega}}]^*\,\boldsymbol{\varphi} + [\boldsymbol{I}\dot{\tilde{\boldsymbol{\omega}}} - \widetilde{\boldsymbol{I}\dot{\boldsymbol{\omega}}}]^*\,\boldsymbol{\varphi} + [\boldsymbol{I}\dot{\boldsymbol{\omega}} + \tilde{\boldsymbol{\omega}}\boldsymbol{I}\boldsymbol{\omega}]^* = \\ &\qquad \boldsymbol{M}_R^*\ddot{\boldsymbol{\varphi}} + \boldsymbol{G}_R^*\dot{\boldsymbol{\varphi}} + \boldsymbol{K}_R^*\boldsymbol{\varphi} + \boldsymbol{N}_R^*\boldsymbol{\varphi} + \boldsymbol{h}_R^*\ . \end{aligned} \tag{16}$$

Hierin bedeuten $\dot{\boldsymbol{v}}_0$ die Absolutbeschleunigung des Ursprungs und $\boldsymbol{I}^*$ stellt den Trägheitstensor des Massenelements dar. Alle ( )*-indizierten Größen kennzeichnen elementbezogene Größen. Beispielsweise bedeutet

$$m^* = \varrho A(x) + \sum_i m_i \delta(x - \xi_i) \tag{17}$$

die Massendichte eines homogenen Balkens mit der Dichte ϱ, der Querschnittsfläche $A(x)$ und zusätzlichen starren Körpern der Masse m_i, die an den Stellen $x = \xi_i$ angekoppelt sind. Diese werden mit Hilfe der Dirac-Distribution δ berücksichtigt.

Ein wesentlicher Punkt in den Beziehungen (15) und (16) ist, daß die auftretenden Matrizen M^*, G^*, ... dreimal-drei Matrizen sind, die stets die gleiche Bauart haben (auch in Vielkörpersystemen). Dies mag für die Programmierung interessant sein. Die tatsächlichen, aktuellen Freiheitsgrade des betrachteten Systems werden bestimmt durch $\boldsymbol{s}$, $\boldsymbol{\varphi}$ bzw. die entsprechenden Jacobimatrizen. Führt man diese nach (10) bzw. (11) ein und bezeichnet die Matrizen $\boldsymbol{M}^*\bar{\boldsymbol{J}} = \bar{\boldsymbol{M}}$ etc., so erhält man für die Impuls- und Drallbilanz unter Berücksichtigung der am Element angreifenden Kräfte und Momente, $\boldsymbol{f}^*$ und $\boldsymbol{l}^*$

$$\dot{\boldsymbol{p}}^* = \bar{\boldsymbol{M}}_T\ddot{\boldsymbol{q}} + \bar{\boldsymbol{G}}_T\dot{\boldsymbol{q}} + \bar{\boldsymbol{K}}_T\boldsymbol{q} + \bar{\boldsymbol{N}}_T\boldsymbol{q} + \boldsymbol{h}_T^* = \boldsymbol{f}^*\ , \qquad \dot{\boldsymbol{L}}^* = \bar{\boldsymbol{M}}_R\ddot{\boldsymbol{q}} + \bar{\boldsymbol{G}}_R\dot{\boldsymbol{q}} + \bar{\boldsymbol{K}}_R\boldsymbol{q} + \bar{\boldsymbol{N}}_R\boldsymbol{q} + \boldsymbol{h}_R^* = \boldsymbol{l}^*\ . \tag{18}$$

Im allgemeinen sind Impuls- und Dralländerungsbilanz (Kräfte- und Momentenbilanz) nicht unabhängig voneinander, so daß in (18) formal auf den rechten Seiten Zwangskräfte zu berücksichtigen sind.

3.2. Jacobimatrizen der Relativverformung

Die Jacobimatrizen nach (11) beinhalten, s. o., den Bernoullischen Separationsansatz für alle Komponenten von $\boldsymbol{s}$ und $\boldsymbol{\varphi}$. Beispielsweise gilt für die Verformung in y-Richtung

$$v(x, t) = \bar{\boldsymbol{v}}^T(x)\, \boldsymbol{q}_v(t)\,, \tag{19}$$

wobei $\bar{\boldsymbol{v}}$ ein Vektor von zulässigen Koordinatenfunktionen darstellt, der, eigentlich von der Dimension unendlich, für praktische Berechnungen bei einer endlichen Länge abgebrochen werden muß. Für die Konstruktion der Jacobimatrizen ist festzulegen, welche Freiheitsgrade das betrachtete Element aufweisen soll. Beispiel: Bei einem Hubschrauberblatt, dessen Ursprung sich mit großer Winkelgeschwindigkeit um die z-Achse dreht und dessen elastische Achse und Schwerpunktsachse (x) zusammenfallen, soll aufgrund der geometrischen Dimensionen die Schubverformung in y-Richtung berücksichtigt werden. Die Freiheitsgrade sind: Verformung in y-Richtung und in z-Richtung, Torsion um die x-Achse und schubunabhängige Rotation um die z-Achse, v, w, ϑ, ψ. Wählt man in dieser Reihenfolge die verallgemeinerten Koordinaten $\boldsymbol{q}$,

$$\boldsymbol{q} = (\boldsymbol{q}_v^T \quad \boldsymbol{q}_w^T \quad \boldsymbol{q}_\vartheta^T \quad \boldsymbol{q}_\psi^T)^T \tag{20}$$

so gilt

$$\bar{\boldsymbol{J}}_T = \begin{pmatrix} 0 & 0 & 0 & 0 \\ \bar{\boldsymbol{v}}^T & 0 & 0 & 0 \\ 0 & \bar{\boldsymbol{w}}^T & 0 & 0 \end{pmatrix}; \qquad \bar{\boldsymbol{J}}_R = \begin{pmatrix} 0 & 0 & \bar{\boldsymbol{\vartheta}}^T & 0 \\ 0 & -\bar{\boldsymbol{w}}'^T & 0 & 0 \\ 0 & 0 & 0 & \bar{\boldsymbol{\psi}}^T \end{pmatrix}, \qquad (\;)' = \frac{\mathrm{d}}{\mathrm{d}x}. \tag{21}$$

Diese Jacobmatrizen enthalten zeilenweise die x-, y-, z-Richtung der Verformungen im Basissystem des undeformierten Zustands, spaltenweise die entsprechenden Verformungsgrößen, je nach Wahl der Reihenfolge der verallgemeinerten Koordinaten. Für die Rechnerprogrammierung ist es ohne weiteres möglich, die Berechnung dieser Funktionalmatrizen zu formalisieren, [11].

3.3. Jacobimatrizen der Gesamtbewegung

Nachdem es unter Zuhilfenahme der Jacobimatrizen der Relativverformung, die der Starrkörperbewegung überlagert ist, gelingt, Impuls- und Drallsatz in der Form (18) anzuschreiben, gilt es im nächsten Schritt, diese Beziehungen in die Richtung der verallgemeinerten Koordinaten zu projizieren. Da in diesen Richtungen die Zwangskräfte keine Arbeit leisten, werden sie durch diese Prozedur eliminiert. Diese Transformation gelingt, vgl. (4), durch Vorschalten der Gesamtjacobimatrizen, die wiederum aufgeteilt werden nach Anteilen aus der Starrkörperbewegung und der elastischen Deformation. Mit den Geschwindigkeitsrelationen (13) und (14), dargestellt im unverformten System 0

$$\left.\begin{aligned} {}_0\boldsymbol{v}_E &= [\tilde{\boldsymbol{x}} + \tilde{\mathbf{s}}]^T\, \boldsymbol{\omega} + (\boldsymbol{v}_0 + \dot{\mathbf{s}})\,, \\ {}_0\boldsymbol{\omega}_E &= \boldsymbol{\omega} + \dot{\boldsymbol{\varphi}} \end{aligned}\right\} \tag{22}$$

erhält man für die hier betrachteten „Einkörpersysteme" unmittelbar

$$\left(\frac{\partial_0 \boldsymbol{v}_E}{\partial \dot{\boldsymbol{q}}}\right) = \left(\frac{\partial \dot{\mathbf{s}}}{\partial \dot{\boldsymbol{q}}}\right) = \bar{\boldsymbol{J}}_T\,; \qquad \left(\frac{\partial_0 \boldsymbol{\omega}_E}{\partial \dot{\boldsymbol{q}}}\right) = \left(\frac{\partial \dot{\boldsymbol{\varphi}}}{\partial \dot{\boldsymbol{q}}}\right) = \bar{\boldsymbol{J}}_R\,, \tag{23}$$

$$\left(\frac{\partial_0 \boldsymbol{v}_E}{\partial \dot{\boldsymbol{z}}}\right) = \left(\frac{\partial \boldsymbol{v}_0}{\partial \dot{\boldsymbol{z}}}\right) + [\tilde{\boldsymbol{x}} + \tilde{\mathbf{s}}]^T \left(\frac{\partial \boldsymbol{\omega}}{\partial \dot{\boldsymbol{z}}}\right) = \boldsymbol{J}_T + [\tilde{\boldsymbol{x}} + \tilde{\mathbf{s}}]^T \boldsymbol{J}_R\,; \qquad \left(\frac{\partial_0 \boldsymbol{\omega}_E}{\partial \dot{\boldsymbol{z}}}\right) = \left(\frac{\partial \boldsymbol{\omega}}{\partial \dot{\boldsymbol{z}}}\right) = \boldsymbol{J}_R\,, \tag{24}$$

jeweils für die (voneinander unabhängigen) Richtungen der elastischen Deformation und der Starrkörperkoordinaten. Die Jacobimatrizen der letzteren werden durch das Symbol $\boldsymbol{J}$, ohne Querstrich, gekennzeichnet.

3.4. Die Bewegungsgleichungen für „Einkörpersysteme"

Die Bewegungsgleichungen werden durch Vormultiplikation von (18) mit den transponierten Jacobimatrizen erhalten, unterschieden nach Starrkörperbewegung und elastischer Deformation. Man erhält zwei Sätze von miteinander gekoppelten Differentialgleichungen.

3.4.1. Die Gleichungen der Starrkörperbewegung

Für die Starrkörperbewegungen sind die Impuls- und Drallanteile mit den entsprechenden Transponierten von (24) vorzumultiplizieren. Da die so entstehende Gleichung für das betrachtete Massenelement aus dem Gesamtsystem gilt, ist ferner eine Integration über die Gesamtlänge durchzuführen (virtuelle Arbeit aller Massenelemente). Die virtuellen Verschiebungen $\delta \boldsymbol{z}$ sind frei wählbar, es verbleibt

$$\begin{aligned} \int_{l} \{ & [\boldsymbol{J}_T^T + \boldsymbol{J}_R^T(\tilde{\boldsymbol{x}} + \tilde{\mathbf{s}})]\, [\bar{\boldsymbol{M}}_T \ddot{\boldsymbol{q}} + \bar{\boldsymbol{G}}_T \dot{\boldsymbol{q}} + (\bar{\boldsymbol{K}}_T + \bar{\boldsymbol{N}}_T)\, \boldsymbol{q} + \boldsymbol{h}_T^* - \boldsymbol{f}^*] + \\ & + \boldsymbol{J}_R^T [\bar{\boldsymbol{M}}_R \ddot{\boldsymbol{q}} + \bar{\boldsymbol{G}}_R \dot{\boldsymbol{q}} + (\bar{\boldsymbol{K}}_R + \bar{\boldsymbol{N}}_R)\, \boldsymbol{q} + \boldsymbol{h}_R^* - \boldsymbol{l}^*]\}\, \mathrm{d}x = 0\,, \end{aligned} \tag{25}$$

bzw. geordnet

$$\begin{aligned} & \int \{\boldsymbol{J}_T^T(\boldsymbol{h}_T^* - \boldsymbol{f}^*) + \boldsymbol{J}_R^T[(\boldsymbol{h}_R^* - \boldsymbol{l}^*) + \tilde{\boldsymbol{x}}(\boldsymbol{h}_T^* - \boldsymbol{f}^*)]\}\, \mathrm{d}x + [\textstyle\int \{\boldsymbol{J}_T^T \bar{\boldsymbol{M}}_T + \boldsymbol{J}_R^T(\bar{\boldsymbol{M}}_R + \tilde{\boldsymbol{x}} \bar{\boldsymbol{M}}_T)\}\, \mathrm{d}x]\, \ddot{\boldsymbol{q}} + \\ & + [\textstyle\int \boldsymbol{J}_T^T \bar{\boldsymbol{G}}_T + \boldsymbol{J}_R^T(\bar{\boldsymbol{G}}_R + \tilde{\boldsymbol{x}} \bar{\boldsymbol{G}}_T)\}\, \mathrm{d}x]\, \dot{\boldsymbol{q}} + [\textstyle\int \{\boldsymbol{J}_T^T \bar{\boldsymbol{K}}_T + \boldsymbol{J}_R^T(\bar{\boldsymbol{K}}_R + \tilde{\boldsymbol{x}} \bar{\boldsymbol{K}}_T)\}\, \mathrm{d}x]\, \boldsymbol{q} + \\ & + [\textstyle\int \{\boldsymbol{J}_T^T \bar{\boldsymbol{N}}_T + \boldsymbol{J}_R^T(\bar{\boldsymbol{N}}_R + \tilde{\boldsymbol{x}} \bar{\boldsymbol{N}}_T)\}\, \mathrm{d}x]\, \boldsymbol{q} + [\textstyle\int \{\boldsymbol{J}_R^T(\tilde{\boldsymbol{h}}_T^* - \tilde{\boldsymbol{f}}^*)\, \boldsymbol{J}_T\}\, \mathrm{d}x]\, \boldsymbol{q} = 0\,. \end{aligned} \tag{26}$$

Die Integrationen beziehen sich auf die Gesamt-„Balkenlänge“; die am Element angreifenden Kräfte und Momente, $\boldsymbol{f}^*$, $\boldsymbol{l}^*$, beinhalten lediglich eingeprägte Kräfte und Momente.

Man erkennt folgende Zusammenhänge: Der erste Term in (26) stellt gerade die Starrkörperbewegungsgleichung ohne elastische Deformationen nach (4) dar. Die Herleitung der Bewegungsgleichungen für Starrkörpersysteme soll hier als bekannt angenommen werden, sie ist beispielsweise in [10] ausführlich beschrieben. Zwar werden in [10] Inertialkoordinaten entsprechend der Form (2) verwendet, doch sind bei gleicher Wahl von verallgemeinerten Koordinaten $\boldsymbol{z}$ die Bewegungsgleichungen natürlich stets identisch, unabhängig von der Koordinatenwahl. Mit (26) ist es damit gelungen, die noch fehlenden Bausteine bei Systemen mit überlagerter Relativverformung durch elastische Deformationen einzufügen. Hier allerdings sind die Jacobimatrizen diejenigen nach (24), da für die Deformationskoordinaten die körperfesten Achsen des unverformten Systems als Basiskoordinatensystem definiert wurden. Ferner sind die elastischen Deformationen natürlich nicht rückwirkungsfrei mit den Starrkörperbewegungen gekoppelt.

3.4.2. Die Gleichungen der elastischen Deformation

Man erhält die Bewegungsgleichungen der elastischen Deformation auf dem gleichen Weg durch Projektion der Impuls-Drallbeziehungen (18) in die Richtung der „elastischen Minimalkoordinaten“ $\boldsymbol{q}$ mit Hilfe der Transponierten Jacobimatrizen nach (23):

$$\begin{aligned}&\int \{\bar{\boldsymbol{J}}_T^T[\bar{\boldsymbol{M}}_T\ddot{\boldsymbol{q}} + \bar{\boldsymbol{G}}_T\dot{\boldsymbol{q}} + (\bar{\boldsymbol{K}}_T + \bar{\boldsymbol{N}}_T)\,\boldsymbol{q} + \boldsymbol{h}_T^* - \boldsymbol{f}^*] + \\ &+ \bar{\boldsymbol{J}}_R^T[\bar{\boldsymbol{M}}_R\ddot{\boldsymbol{q}} + \bar{\boldsymbol{G}}_R\dot{\boldsymbol{q}} + (\bar{\boldsymbol{K}}_R + \bar{\boldsymbol{N}}_R)\,\boldsymbol{q} + \boldsymbol{h}_R^* - \boldsymbol{l}^*]\}\,\mathrm{d}x = 0\,,\end{aligned} \tag{27}$$

bzw. geordnet

$$\begin{aligned}&\left[\int (\bar{\boldsymbol{J}}_T^T\bar{\boldsymbol{M}}_T + \bar{\boldsymbol{J}}_R^T\bar{\boldsymbol{M}}_R)\,\mathrm{d}x\right]\ddot{\boldsymbol{q}} + \left[\int (\bar{\boldsymbol{J}}_T^T\bar{\boldsymbol{G}}_T + \bar{\boldsymbol{J}}_R^T\bar{\boldsymbol{G}}_R)\,\mathrm{d}x\right]\dot{\boldsymbol{q}} + \left[\int (\bar{\boldsymbol{J}}_T^T\bar{\boldsymbol{K}}_T + \bar{\boldsymbol{J}}_R^T\bar{\boldsymbol{K}}_R)\,\mathrm{d}x\right]\boldsymbol{q} + \\ &+ \left[\int (\bar{\boldsymbol{J}}_T^T\bar{\boldsymbol{N}}_T + \bar{\boldsymbol{J}}_R^T\bar{\boldsymbol{N}}_R)\,\mathrm{d}x\right]\boldsymbol{q} + \int (\bar{\boldsymbol{J}}_T^T\boldsymbol{h}_T^* + \bar{\boldsymbol{J}}_R^T\boldsymbol{h}_R^*)\,\mathrm{d}x = \int (\bar{\boldsymbol{J}}_T^T\boldsymbol{f}^* + \bar{\boldsymbol{J}}_R^T\boldsymbol{l}^*)\,\mathrm{d}x\,.\end{aligned} \tag{28}$$

Dieses Gleichungssystem ist jedoch noch nicht vollständig, wie folgende Überlegung zeigt: Betrachtet man beispielsweise die Verformung eines drehenden Hubschrauberblatts, so liefern die die Terme

$$\boldsymbol{J}_R^T(\tilde{\boldsymbol{x}}\bar{\boldsymbol{K}}_T + \tilde{\boldsymbol{h}}_T^{*T}\bar{\boldsymbol{J}}_T)\,\boldsymbol{q} \tag{29}$$

aus dem vierten und sechsten Term der Starrkörpergleichungen (26) den Wert Null; dies bedeutet, daß bezüglich des Ursprungs (Zentrum der Drehung um die z-Achse) kein resultierendes „Fliehkraftmoment“ vorherrscht — wie es nach den tatsächlichen Gegebenheiten entsprechend der Modellbildung sein muß. Der entsprechende Term der Gleichungen der elastischen Deformation,

$$\bar{\boldsymbol{J}}_T^T\bar{\boldsymbol{K}}_T\boldsymbol{q} \tag{30}$$

hingegen liefert eine negativ definite Rückstellmatrix der Zentrifugalkräfte bezüglich der Verformung in y-Richtung. Dies ist mit Sicherheit nicht richtig, da die Zentrifugalterme hinsichtlich der elastischen Deformation stabilisierend wirken. Der Grund ist einfach: Da in der Modellbildung (vgl. (20)) keine Längsverformung berücksichtigt wurden, geht der Anteil der Zentrifugalkräfte in x-Richtung nicht in das Gleichungssystem ein — obgleich er auch bei Vernachlässigung der Längsverformungen im Gesamtsystem Arbeit leistet. Das Gleichungssystem muß also um gewisse Terme ergänzt werden: Im Gegensatz zu allen anderen Termen in (27) sind i. a. $(\boldsymbol{h}_T^* - \boldsymbol{f}^*)$, $(\boldsymbol{h}_R^* - \boldsymbol{l}^*)$ aufgrund der vergleichsweise großen Starrkörperbewegungen keine linearisierbaren Größen. Während die verwendeten Jacobimatrizen nach (10) bzw. (11) bezüglich $\boldsymbol{q}$ Matrizen nullter Ordnung sind, erfordert die Berücksichtigung großer Kräfte im System eine Entwicklung der Jacobimatrizen bis zu Größen erster Ordnung, [5], [6]. Hier muß — auch bei den vorausgesetzten kleinen Verformungen — eine nichtlineare Verformungskinematik berücksichtigt werden. Dadurch erhält man zusätzliche Fesselungsmatrizen in (28), die über „kinematische Kopplungen“ [4] entstehen.

3.5. Fesselungsmatrizen der elastischen Deformation

3.5.1. Kinematische Kopplungen

Bei der Bestimmung der Jacobimatrizen der elastischen Deformation nach (10) bzw. (11) wurde zunächst stillschweigend vorausgesetzt, daß z. B. für die Rotation die Komponenten von $\boldsymbol{\varphi}$ als Freiheitsgrade angesetzt werden können. Bei näherer Betrachtung ist diese Annahme jedoch nicht haltbar. Hierzu wird die Winkelgeschwindigkeit des Elements näher untersucht. In (13) kommt zum Ausdruck, daß $\dot{\boldsymbol{\varphi}}$ die Elementwinkelgeschwindigkeit aus elastischer Deformation ist, dargestellt im Basissystem des unverformten Zustands. Tatsächlich kommt es hier jedoch auf die Reihenfolge der Verformungen an. Definiert man die Drehung mit Hilfe von Kardanwinkeln analog zu Gleichung (8), so gilt bei kleinen Winkeln α, β, γ

$$\left.\begin{aligned}&\boldsymbol{\omega} = [\boldsymbol{e}_1 \,\vdots\, (\boldsymbol{E} + \tilde{\boldsymbol{\alpha}})\,\boldsymbol{e}_2 \,\vdots\, (\boldsymbol{E} + \tilde{\boldsymbol{\alpha}} + \bar{\boldsymbol{\beta}})\,\boldsymbol{e}_3]\,\dot{\boldsymbol{\varphi}} = \dot{\boldsymbol{\varphi}} + [0 \mid \tilde{\boldsymbol{\alpha}}\boldsymbol{e}_2 \mid (\tilde{\boldsymbol{\alpha}} + \bar{\boldsymbol{\beta}})\,\boldsymbol{e}_3]\,\dot{\boldsymbol{\varphi}} = \dot{\boldsymbol{\varphi}} + \dot{\boldsymbol{\varphi}}_{\text{zus.}}\,;\\ &\boldsymbol{\alpha} = \alpha\boldsymbol{e}_1\,; \qquad \boldsymbol{\beta} = \beta\boldsymbol{e}_2\,; \qquad \boldsymbol{\gamma} = \gamma\boldsymbol{e}_3\,,\end{aligned}\right\} \tag{31}$$

wobei hier

$$\boldsymbol{\varphi} = (\alpha, \beta, \gamma)^T \tag{32}$$

gesetzt wurde. Die tatsächlichen Winkelgrößen sind entsprechend (11) zu spezifizieren, je nachdem, ob Schubeinflüsse mitbetrachtet werden, oder nicht. Für den Fall des Euler-Bernoulli-Balkens gilt z. B.

$$\boldsymbol{\varphi} = (\vartheta, -w', v')^T\,, \tag{33}$$

wenn die Reihenfolge der angesetzten Verformungen als (ϑ, w, v) definiert wird.

Die Auswertung von (31) läßt sich unmittelbar durchführen, wenn man die Variable „Zeit" in (31) durch die Variable „Ort" ersetzt: $\mathrm{d}/\mathrm{d}t \to \mathrm{d}/\mathrm{d}x$ („kinetische Analogie", [12]). Dann gilt

$$\left(\frac{\mathrm{d}\boldsymbol{\pi}}{\mathrm{d}x}\right) = \begin{pmatrix} \vartheta' \\ -w'' \\ v'' \end{pmatrix} + \begin{bmatrix} 0 & 0 & -w' \\ 0 & 0 & -\vartheta \\ 0 & \vartheta & 0 \end{bmatrix} \begin{pmatrix} \vartheta' \\ -w'' \\ v'' \end{pmatrix} = \begin{pmatrix} \vartheta' \\ -w'' \\ v'' \end{pmatrix} - \begin{pmatrix} w'v'' \\ \vartheta v'' \\ \vartheta w'' \end{pmatrix}, \tag{34}$$

wobei analog zu (2) ff. der Vektor $\boldsymbol{\pi}$ die tatsächliche „Verdrehung", hier für die elastische Deformation, darstellt. Der lineare Term in (34) ist mit dem Vorgehen nach (28) bereits vollständig erfaßt. Im weiteren gilt es deshalb die zusätzlichen Größen zweiter Ordnung zu berücksichtigen.

Wenn Winkelgrößen zweiter Ordnung Berücksichtigung finden, muß dies natürlich auch für translatorische Verschiebungen gelten. Die entsprechenden Terme erhält man durch Betrachtung der durch die Winkelgeschwindigkeiten am Ort x bei $x + \mathrm{d}x$ erzeugten Geschwindigkeiten,

$$\mathrm{d}\boldsymbol{v} = \frac{\widetilde{\mathrm{d}\boldsymbol{\pi}}}{\mathrm{d}t} \boldsymbol{A}\boldsymbol{e}_1 \,\mathrm{d}x + \mathrm{d}\boldsymbol{v}_0 = \left[\frac{\mathrm{d}}{\mathrm{d}t}\boldsymbol{A}\right] \boldsymbol{e}_1 \,\mathrm{d}x + \mathrm{d}\boldsymbol{v}_0 , \qquad \left(\frac{\widetilde{\mathrm{d}\boldsymbol{\pi}}}{\mathrm{d}t} = \dot{\boldsymbol{A}}\boldsymbol{A}^T\right), \tag{35}$$

dargestellt im Basissystem des unverformten Zustands; $\boldsymbol{A}$ stellt die Transformationsmatrix vom elementfesten Koordinatensystem zum Basissystem dar. Mit $\mathrm{d}/\mathrm{d}t \to \mathrm{d}/\mathrm{d}x$ folgt

$$d\left(\frac{\mathrm{d}\boldsymbol{s}}{\mathrm{d}x}\right) = \mathrm{d}\boldsymbol{A}\,\boldsymbol{e}_1 + d\left(\frac{\mathrm{d}\boldsymbol{s}_0}{\mathrm{d}x}\right). \tag{36}$$

Bei Verwendung von Kardanwinkeln ergibt sich hier

$$\left(\frac{\mathrm{d}\boldsymbol{s}}{\mathrm{d}x}\right) = \begin{pmatrix} u' \\ v' \\ w' \end{pmatrix} - \begin{pmatrix} \frac{1}{2}(v'^2 + w'^2) \\ \vartheta w' \\ -\vartheta v' \end{pmatrix} = \boldsymbol{s}' + \boldsymbol{s}'_{\text{zus.}} . \tag{37}$$

Nachdem die linearen Anteile im Gleichungssystem erfaßt sind, müssen im folgenden lediglich die Zusatzterme untersucht werden. Hierfür gilt: Wenn $\boldsymbol{f}$ und $\boldsymbol{l}$ allgemein Kräfte und Momente am Ort x des Balkensystems darstellen, wird über die zusätzlichen Verformungen Arbeit verrichtet:

$$W = \int_0^l (\boldsymbol{f}^T \boldsymbol{s}_{\text{zus}} + \boldsymbol{l}^T \boldsymbol{\varphi}_{\text{zus.}})\,\mathrm{d}x . \tag{39}$$

Die Betrachtung der virtuellen Arbeit liefert eine aus den nichtlinearen Verformungen stammende zusätzliche (lineare) Fesselungsmatrix $\boldsymbol{K}_K$:

$$\delta W = \delta\boldsymbol{q}^T \int_0^l \left\{ \left(\frac{\partial \boldsymbol{s}'}{\partial \boldsymbol{q}}\right)^T_{\text{zus}} \boldsymbol{f} + \left(\frac{\partial \boldsymbol{\varphi}'}{\partial \boldsymbol{q}}\right)^T_{\text{zus.}} \boldsymbol{l} \right\} \mathrm{d}x = -\delta\boldsymbol{q}^T \boldsymbol{K}_K \boldsymbol{q} . \tag{40}$$

Zu bestimmen sind hierbei die Kräfte und Momente $\boldsymbol{f}$ und $\boldsymbol{l}$ am betrachteten Ort x. Zu diesen gehören u. a. diejenigen Kräfte, die bei fehlender elastischer Deformation für das verbleibende Starrkörpersystem Zwangskräfte darstellen würden. Durch die Überlagerung der Relativverformung leisten diese im Gesamtsystem Arbeit. Betrachtet man hierzu Impuls- und Drallsatz (18), in denen implizit die Zwangskräfte auftauchen, so gilt bei fehlender Deformation

$$\boldsymbol{h}_T^* = \boldsymbol{f}^* = \boldsymbol{f}^{e*} + \boldsymbol{f}^{z*}; \qquad \boldsymbol{h}_R^* = \boldsymbol{l}^* = \boldsymbol{l}^{e*} + \boldsymbol{l}^{z*} . \tag{41}$$

Die gesuchte Zwangskraft am Ort x erhält man demzufolge durch Integration bis zum Ort x,

$$\boldsymbol{f}^z(x) = \int_0^x (\boldsymbol{h}_T^* - \boldsymbol{f}^{e*})\,\mathrm{d}x + \text{const.}; \qquad \boldsymbol{l}^z(x) = \int_0^x (\boldsymbol{h}_R^* - \boldsymbol{l}^{e*})\,\mathrm{d}x + \text{const.}, \tag{42}$$

wobei die Konstanten den vorherrschenden Randbedingungen anzupassen sind. Beispiel: Für die in (28) zu berücksichtigende Zentrifugalwirkung in x-Richtung erhält man

$$f_x^z(x) = \int_0^x h^*_{T,x}\,\mathrm{d}x + \text{const.} = \int_x^l m^* \Omega^2 \xi \,\mathrm{d}\xi \tag{43}$$

mit Ω als Rotordrehung. Der zugehörige zusätzliche Weganteil s'_x ist nach (37)

$$-s'_x = \tfrac{1}{2}(v'^2 + w'^2) = \tfrac{1}{2}(\boldsymbol{q}_v^T \overline{\boldsymbol{v}}' \overline{\boldsymbol{v}}'^T \boldsymbol{q}_v + \boldsymbol{q}_w^T \overline{\boldsymbol{w}}' \overline{\boldsymbol{w}}'^T \boldsymbol{q}_w), \tag{44}$$

wenn entsprechend (19) der Separationsansatz berücksichtigt wird. Bei Vernachlässigung von Schubeinflüssen ist der Vektor der verallgemeinerten Koordinaten

$$\boldsymbol{q} = (\boldsymbol{q}_v^T \;\; \boldsymbol{q}_w^T \;\; \boldsymbol{q}_\vartheta^T)^T . \tag{45}$$

Nach (40) lautet die zu bestimmende Fesselungsmatrix aus kinematischen Kopplungen

$$\boldsymbol{K}_K = -\int_0^l \left\{ \left(\frac{\partial s'_x}{\partial \boldsymbol{q}}\right)^T f_x^z(x) \right\} \mathrm{d}x \Rightarrow \int_0^l \int_x^l m^* \Omega^2 \xi \,\mathrm{d}\xi \begin{bmatrix} \overline{\boldsymbol{v}}' \overline{\boldsymbol{v}}'^T & 0 & 0 \\ 0 & \overline{\boldsymbol{w}}' \overline{\boldsymbol{w}}'^T & 0 \\ 0 & 0 & 0 \end{bmatrix} \mathrm{d}x . \tag{46}$$

Die Berücksichtigung der kinematischen Kopplungen im System ist unumgänglich. Natürlich sind andere Wege zur Herleitung des Gleichungssystems denkbar; so könnte man u. a. von vornherein mit quadratischen Verformungen rechnen. Das vorgeschlagene Vorgehen scheint jedoch am einfachsten zu sein, da über die lineare Formulierung (28) der weitaus größte Teil des Gleichungssystems dargestellt ist. Eine nachträgliche Ergänzung der Fesselungsmatrizen aus kinematischen Kopplungen fällt vergleichsweise leicht.

3.5.2. Potentialkräfte der elastischen Verformung

Innerhalb den im Gleichungssystem auftretenden verallgemeinerten Kräften und Momenten müssen die Rückstellkräfte aus dem elastischen Potential berücksichtigt werden. Diese lassen sich mit Hilfe der Jacobimatrizen der elastischen Deformation leicht angeben, wenn hierfür die einfachsten Beziehungen der linearen Elastizitätstheorie als gültig angenommen werden. Das heißt beispielsweise, daß die Querkontraktion grundsätzlich vernachlässigt wird. Mit den Jacobimatrizen nach (11) werden die Translation und Rotation des Elements durch elastische Deformation entsprechend den angesetzten Freiheitsgraden beschrieben. Definiert man ferner eine „Differenzmatrix"

$$\bar{\boldsymbol{J}}_\Delta = (\bar{\boldsymbol{J}}_R - \bar{\boldsymbol{J}}_B) \tag{47}$$

wobei $\bar{\boldsymbol{J}}_R$ die Rotation entsprechend (11) beschreibt und $\bar{\boldsymbol{J}}_B$ die Rotation bei reiner Biegung (ohne Schubanteil) darstellt, so lautet die Fesselungsmatrix aus elastischem Potential

$$\boldsymbol{K}_V = \int_0^1 (\bar{\boldsymbol{J}}_\Delta^T \boldsymbol{H}_1 \bar{\boldsymbol{J}}_\Delta + \bar{\boldsymbol{J}}_R'^T \boldsymbol{H}_2 \bar{\boldsymbol{J}}_R' + \bar{\boldsymbol{J}}_T'^T \boldsymbol{H}_3 \bar{\boldsymbol{J}}_T') \, \mathrm{d}x \tag{48}$$

mit

$$\boldsymbol{H}_1 = \varkappa G A \boldsymbol{E}; \qquad \boldsymbol{H}_2 = \operatorname{diag}(GI_D, EI_y, EI_z), \qquad \boldsymbol{H}_3 = \operatorname{diag}(EA, 0, 0). \tag{49}$$

Hierbei steht $\boldsymbol{H}$ symbolisch für „Hooke'sches Gesetz" und soll die linear-elastischen Zusammenhänge kennzeichnen. Mit G als Gleitmodul und A als Querschnittsfläche stellt $\varkappa$ den Korrekturfaktor für die Schubverformungen bei konstantem Gleitwinkel dar, [13], in $\boldsymbol{H}_2$ sind die Steifigkeiten nach x-, y-, z-Richtung angeordnet, während $\boldsymbol{H}_3$ nur bei Längsverformungen zum Tragen kommt. Für das Beispiel des Hubschrauberblattes unter Berücksichtigung des Querschubanteils in y-Richtung, vgl. (21), erhält man mit den dort angegebenen Jacobimatrizen und

$$\boldsymbol{J}_\Delta = \begin{pmatrix} 0 & 0 & \bar{\boldsymbol{\vartheta}}^T & 0 \\ 0 & -\bar{\boldsymbol{w}}'^T & 0 & 0 \\ 0 & 0 & 0 & \bar{\boldsymbol{\psi}}^T \end{pmatrix} - \begin{pmatrix} 0 & 0 & \bar{\boldsymbol{\vartheta}}^T & 0 \\ 0 & -\bar{\boldsymbol{w}}'^T & 0 & 0 \\ \bar{\boldsymbol{v}}'^T & 0 & 0 & 0 \end{pmatrix}$$

über (48) die Fesselungsmatrix

$$\boldsymbol{K}_V = \int_0^l \begin{bmatrix} \varkappa GA\bar{\boldsymbol{v}}'\bar{\boldsymbol{v}}'^T & 0 & 0 & -\varkappa GA\bar{\boldsymbol{v}}'\bar{\boldsymbol{\psi}}^T \\ 0 & EI_y\bar{\boldsymbol{w}}''\bar{\boldsymbol{w}}''^T & 0 & 0 \\ 0 & 0 & GI_D\bar{\boldsymbol{\vartheta}}'\bar{\boldsymbol{\vartheta}}'^T & 0 \\ & & & EI_z\bar{\boldsymbol{\psi}}'\bar{\boldsymbol{\psi}}'^T + \varkappa GA\bar{\boldsymbol{\psi}}\bar{\boldsymbol{\psi}}^T \\ -\varkappa GA\bar{\boldsymbol{\psi}}\bar{\boldsymbol{v}}'^T & 0 & 0 & \end{bmatrix} \mathrm{d}x . \tag{50}$$

3.6. Die Bewegungsgleichungen für Mehrkörpersysteme

Vollkommen analog zu den Gleichungen von Mehrkörpersystemen mit starren Bauteilen lassen sich nun die Bewegungsgleichungen für solche mit elastischen Bauteilen angeben, wenn in den zusätzlichen Koppeltermen nach Kap. 3.4.1. die Jacobimatrizen für jeden Teilkörper eingeführt werden und über alle Teilkörper aufsummiert wird, wie dies in (2) oder (4) zum Ausdruck kommt. Gleiches gilt für die Gleichungen der elastischen Deformation nach Kap. 3.4.2.; auch hier ist vor das Integralzeichen des betrachteten Teilkörpers das Summenzeichen für die Summation über alle Teilkörper zu setzen. Die Fesselungsterme nach Kap. 3.5 bleiben hiervon unbeeinflußt, da es sich um Relativkräfte jedes einzelnen Körpers handelt. Der Einfachheit halber soll für das hier betrachtete Mehrkörpersystem folgende Einschränkung gelten: Es handelt sich um ein System mit „offener Baumstruktur", wie es beispielsweise dem eingangs erwähnten Modell eines schnellen Roboters entspricht. Es sollen ferner an den Koppelpunkten (Koordinatenursprünge der einzelnen körperfesten Koordinatensysteme) kein Versatz vorliegen.

Kernstück der Betrachtungen ist, sowohl in Hinsicht auf Impuls- und Drallsatz des betrachteten Elements als auch zur Bestimmung der Gesamtjacobimatrizen, die die Bewegung in die Richtungen der Minimalkoordinaten projizieren, die Darstellung der Geschwindigkeiten. Indiziert man die einzelnen Teilkörper mit $i = 0(1)\, n - 1$, so legt der Index 0 die „Hauptstruktur" fest, von der aus alle weiteren Verzweigungen abgehen. Für die Hauptstruktur bleiben alle vorherigen Betrachtungen gültig. Analog zu (23), (24) gilt

$${}_0\boldsymbol{v}_{E0} = [\tilde{\boldsymbol{x}}_0 + \tilde{\mathbf{s}}_0]^T \boldsymbol{\omega}_0 + \dot{\mathbf{s}}_0 + \boldsymbol{v}_{00}, \qquad {}_0\boldsymbol{\omega}_{E0} = \boldsymbol{\omega}_0 + \dot{\boldsymbol{\varphi}}_0 .$$

Ausgehend von der Hauptstruktur 0 gelten für alle weiteren Teilkörper die Geschwindigkeiten

$$\left.\begin{aligned} {}_0\boldsymbol{\omega}_{Ei+1} &= \{\boldsymbol{A}(\boldsymbol{\omega}_i + \dot{\boldsymbol{\varphi}}_i)|_{l_i}\} + \{\boldsymbol{\omega}_{i+1} + \dot{\boldsymbol{\varphi}}_{i+1}\} = [\boldsymbol{\omega}_f + \boldsymbol{\omega}_r]|_{i+1}, \\ {}_0\boldsymbol{v}_{Ei+1} &= \boldsymbol{A}[(\tilde{\boldsymbol{x}}_i + \tilde{\mathbf{s}}_i)^T \boldsymbol{\omega}_i + \dot{\mathbf{s}}_i + \boldsymbol{v}_{0i}]|_{l_i} + (\tilde{\boldsymbol{x}}_{i+1} + \tilde{\mathbf{s}}_{i+1})^T [\boldsymbol{A}(\boldsymbol{\omega}_i + \dot{\boldsymbol{\varphi}}_i)|_{l_i} + \boldsymbol{\omega}_{i+1}] + \\ &\quad + \boldsymbol{v}_{0i+1} + \dot{\mathbf{s}}_{i+1} = [\boldsymbol{v}_f + \boldsymbol{v}_r]|_{i+1}, \qquad i = 0(1)\, n - 1, \\ \boldsymbol{A} &= \boldsymbol{A}_{i+1,i}\text{:} \quad \text{Transformation von } i \text{ nach } i + 1; \qquad l_i\text{:} \quad i\text{-te Balkenlänge} . \end{aligned}\right\} \tag{51}$$

Die Systembeschreibung wird offensichtlich schnell aufwendig. Das liegt u. a. darin begründet, daß die Starrkörperwinkelgeschwindigkeiten wegen der Führungsdrehung aus elastischer Deformation i. a. nur als Relativgrößen angegeben werden können. Die Geschwindigkeiten setzen sich jeweils aus einem Führungsanteil, Index f, und einem Relativanteil, Index r, zusammen. Aus (55) liest man jedoch ohne Mühe die Gesamtjacobimatrizen ab:

$$\left(\frac{\partial_0 \boldsymbol{\omega}_E}{\partial \dot{\boldsymbol{q}}}\right)_{i+1} = \boldsymbol{A}\bar{\boldsymbol{J}}_{Ri}(l_i) + \bar{\boldsymbol{J}}_{Ri+1}\,, \tag{52}$$

$$\left(\frac{\partial_0 \boldsymbol{v}_E}{\partial \dot{\boldsymbol{q}}}\right)_{i+1} = \boldsymbol{A}\bar{\boldsymbol{J}}_{Ti}(l_i) + (\tilde{\boldsymbol{x}}_{i+1} + \tilde{\boldsymbol{s}}_{i+1})^T \boldsymbol{A}\bar{\boldsymbol{J}}_{Ri}(l_i) + \bar{\boldsymbol{J}}_{Ti+1}\,, \tag{53}$$

$$\left(\frac{\partial_0 \boldsymbol{\omega}_E}{\partial \dot{\boldsymbol{z}}}\right)_{i+1} = \boldsymbol{A}\boldsymbol{J}_{Ri} + \boldsymbol{J}_{Ri+1}\,, \tag{54}$$

$$\left(\frac{\partial_0 \boldsymbol{v}_E}{\partial \dot{\boldsymbol{z}}}\right)_{i+1} = \boldsymbol{A}(\dot{\tilde{\boldsymbol{x}}}_i + \tilde{\boldsymbol{s}}_i)^T|_{li}\boldsymbol{J}_{Ri} + (\tilde{\boldsymbol{x}}_{i+1} + \tilde{\boldsymbol{s}}_{i+1})^T (\boldsymbol{A}\boldsymbol{J}_{Ri} + \boldsymbol{J}_{Ri+1}) + \boldsymbol{J}_{Ti+1} + \boldsymbol{A}\boldsymbol{J}_{Ti}\,, \tag{55}$$

mit $\boldsymbol{A} = \boldsymbol{A}_{i+1,i}$, $\bar{\boldsymbol{J}}_R = \left(\frac{\partial \dot{\boldsymbol{\varphi}}}{\partial \dot{\boldsymbol{q}}}\right)$, $\bar{\boldsymbol{J}}_T = \left(\frac{\partial \dot{\boldsymbol{s}}}{\partial \dot{\boldsymbol{q}}}\right)$, $\boldsymbol{J}_R = \left(\frac{\partial \boldsymbol{\omega}}{\partial \dot{\boldsymbol{z}}}\right)$, $\boldsymbol{J}_T = \left(\frac{\partial \boldsymbol{v}_0}{\partial \dot{\boldsymbol{z}}}\right)$, für $i = 0(1)\,n-1$.

So aufwendig diese Ausdrücke auf den ersten Blick auch erschienen mögen, so erkennt man doch ein relativ einfaches Bildungsgesetz, ausgehend vom Hauptkörper 0. Mit Hilfe dieser Jacobimatrizen werden Impulssatz und Drallsatz in die Richtungen der verallgemeinerten Koordinaten transformiert. Dabei gilt: Der Drallsatz nach (16) bleibt für jedes Element formal unverändert, da der Bezugspunkt der körperfeste Elementschwerpunkt ist. Als Winkelgeschwindigkeiten gehen hier die Absolutgrößen ein. Dagegen ist beim Impulssatz zu beachten, daß nunmehr Führungsimpulse zu berücksichtigen sind, die aus der Beschleunigung am Balkenende des Körpers i auf den Körper $i+1$ übertragen werden. Die Teilmatrizen $\bar{\boldsymbol{M}}_T$, $\bar{\boldsymbol{G}}_T$ etc. in (18) müssen nun aufgespalten werden in Führungs- und Relativanteile. Dabei bleiben wiederum die Anteile des Hauptkörpers 0 entsprechend (18) formal unverändert; für die folgenden Teilkörper gilt das Bildungsgesetz

$$\left.\begin{aligned} \bar{\boldsymbol{M}}_{Ti+1} &= \left[\boldsymbol{A}_{i+1,i}\left(\frac{m_{i+1}^*}{m_i^*}\right)\bar{\boldsymbol{M}}_{Ti}\right] + [\bar{\boldsymbol{M}}_{Ti+1,r}] = (\bar{\boldsymbol{M}}_{Tf} + \bar{\boldsymbol{M}}_{Tr})_{i+1}\,, \\ \bar{\boldsymbol{G}}_{Ti+1} &= \left[\boldsymbol{A}_{i+1,i}\left(\frac{m_{i+1}^*}{m_i^*}\right)\bar{\boldsymbol{G}}_{Ti}\right] + [\bar{\boldsymbol{G}}_{Ti+1,r}] = (\bar{\boldsymbol{G}}_{Tf} + \bar{\boldsymbol{G}}_{Tr})_{i+1}\,, \ \text{etc.} \\ \text{für} \quad & i = 0(1)\,n-1\,. \end{aligned}\right\} \tag{56}$$

Damit lauten die Bewegungsgleichungen für die elastische Deformation

$$\sum_{i=0}^{n-1} \int_{li} \left\{\left(\frac{\partial_0 \boldsymbol{v}_E}{\partial \dot{\boldsymbol{q}}}\right)_i^T [\bar{\boldsymbol{M}}_T\ddot{\boldsymbol{q}} + \bar{\boldsymbol{G}}_T\dot{\boldsymbol{q}} + (\bar{\boldsymbol{K}}_T + \bar{\boldsymbol{N}}_T)\,\boldsymbol{q} + \boldsymbol{h}_T^* - \boldsymbol{f}^*]_i + \right.$$
$$\left. + \left(\frac{\partial_0 \boldsymbol{\omega}_E}{\partial \dot{\boldsymbol{q}}}\right)_i^T [\bar{\boldsymbol{N}}_R\ddot{\boldsymbol{q}} + \bar{\boldsymbol{G}}_R\dot{\boldsymbol{q}} + (\bar{\boldsymbol{K}}_R + \bar{\boldsymbol{N}}_R)\,\boldsymbol{q} + \boldsymbol{h}_R^* - \boldsymbol{l}^*]_i\right\} \mathrm{d}x_i = 0\,, \tag{57}$$

wobei die Fesselungskräfte nach Kap. 3.5 für jeden Teilkörper zu berücksichtigen sind. Analog erhält man die Gleichungen der Starrkörperbewegungen. Eine wesentliche Vereinfachung ergibt sich, wenn die Starrkörperbewegungen fest vorgegebene Führungsbewegungen sind und nicht eigenen Freiheitsgraden gehorchen. Dann entfällt die Gleichung der Starrkörperbewegung vollständig, da alle „kleinen Abweichungen" zur vorgegebenen Führungsbewegung mit Hilfe der Koordinatenfunktionen der elastischen Deformation erfaßt werden können.

Es erscheint an dieser Stelle nicht sinnvoll, ein Beispiel explizit auszurechnen, da die Gleichungen viele Seiten in Anspruch nehmen würden, z. B. für ein elastisches Doppelpendel, das einer möglichen Modellbildung schneller Roboter entspricht. Dabei ist ferner darauf hinzuweisen, daß auch die Transformationsmatrizen $\boldsymbol{A}_{i+1,i}$ selbst i. a. von der elastischen Deformation abhängen. Das angegebene Vorgehen erscheint vielmehr dazu geeignet, in einer Art Baukastensystem die entsprechenden Systemgleichungen von der Rechenmaschine erstellen zu lassen. Die Gleichungen selbst sind zwar, wie erwähnt, aufwendig, das Vorgehen ist jedoch einfach, da sich das Gleichungssystem im Sinne einer Art „Vorwärtstransformation" aufbauen läßt.

4. Zusammenfassung

Bei vielen mechanischen Mehrkörpersystemen wird es notwendig, die Modellierung den nichtvernachlässigbaren Effekten aus Bauteilelastizitäten anzupassen. Dies gilt beispielsweise für die Berechnung und Auslegung künftiger schneller und leichter Roboter. Dabei wird im vorliegenden Fall von der Auswertung des d'Alembert-(Lagrange-)Prinzips Gebrauch gemacht, welches für eine quantitative Auswertung den direktesten Zugang zu den Systemgleichungen liefert und bereits bei den Mehrkörpersystemen mit starren Bauteilen erfolgreich eingesetzt wurde. Das erzielte Ergebnis zeigt deutlich, daß hier die Verwendung der analytischen Methoden wegen der Komplexität der Gleichungen auf eine nahezu hoffnungslose Aufgabe führen würde. Es zeigt jedoch auch, daß eine Modellierung von Mehrkörpersystemen mit elastischen Bauteilen wegen des zu treibenden Aufwands wirklich nur dort Sinn hat, wo sie aus physikalischen Gründen unvermeidbar wird. In diesem Falle wird es richtig sein, bereits bei der Erstellung der Gleichungen die Rechenmaschine einzusetzen. Die durchzuführenden Schritte sind, da die Teilergebnisse aufeinander aufbauen, relativ einfach durchzuführen. Schwierigkeiten werden dadurch auftreten, daß das Gesamtgleichungssystem bei großen Starrkörperbewegungen (natürlich) hochgradig nichtlinear ist; ferner ist stets zu berücksichtigen, daß die Kräfte, die in einem reinen Starrkörpersystem Zwangskräfte darstellen würden, durch die überlagerte Relativverformung Arbeit leisten und in das Gleichungssystem eingehen. Sie müssen also stets mitbestimmt und über die Fesselungsmatrizen der kinematischen Kopplung berücksichtigt werden. Zu übersehen ist auch nicht, daß entsprechend der Wahl der Freiheitsgrade elastischer Deformationen und der Zahl der angesetzten Koordinatenfunktionen eine hohe Zahl von Freiheitsgraden in Kauf genommen werden muß. Schließlich sollte am konkreten Beispiel stets überprüft werden, ob nicht Vereinfachungen durch Vernachlässigung einzelner Effekte zulässig sind, wie beispielsweise die Corioliskräfte bei dem erwähnten Robotermodell o. ä. Nichtsdestotrotz stellt das Vorgehen nach Kap. 3.6 eine Methodik dar, die letztlich von einfachen Matrizenverknüpfungen ausgeht und auf Rechenautomaten formalisierbar ist.

Literatur

1 FÖRSCHING, H. W.; KOTOWSKY, G., Dynamische und aeroelastische Probleme des Stop-Rotors, AVA-FB 7216, 1972.
2 HOUBOLT, J. C., BROOKS, G. W., Differential Equations of Motion for Combined Flapwise Bending, Chordwise Bending and Torsion of Twisted Nonuniform Rotorblades, NACA Techn. Rep. 1346, 1958. S. 179—195.
3 ULBRICH, H.; LAUTENSCHLAGER, R., Eigenverhalten elastischer Rotorstrukturen, Lst. B f. Mech. TU München, 162, 1980.
4 TRUCKENBRODT, A., Bewegungsverhalten und Regelung hybrider Mekrkörpersysteme mit Anwendung auf Industrieroboter, Fortschr.-Ber. VDI-Z., Reihe 8, Nr. 33, 1980.
5 MÜLLER, P. C.; SCHIEHLEN, W. O., Lineare Schwingungen Akad. Verlagsgesellschaft, Wiesbaden 1976.
6 SCHIEHLEN, W. O., Technische Dynamik, Vorlesungsmanuskript Lst. B f. Mech. TU München, 1974.
7 BREMER, H., Zur Dynamik von Mehrkörpersystemen — Grundlagen.
8 HAMEL, G., Theoretische Mechanik, Springer, Berlin-Heidelberg-New York 1949.
9 SZABO, I., Geschichte der mechanischen Prinzipien, Birkhäuser, Basel und Stuttgart 1977.
10 KREUZER, E., Symbolische Berechnung der Bewegungsgleichungen von Mehrkörpersystemen, Fortschr.-Ber. VDI-Z., Reihe 11, Nr. 32, 1979.
11 BREMER, H., Kinetik starr-elastischer Mehrkörpersysteme, Fortschr.-Ber. VDI-Z., Reihe 11, Nr. 53, 1983.
12 HODGES, D. H.; ORMISTON, R. A.; PETERS, D. H., On the Nonlinear Deformations of Euler-Bernoulli-Beams, NASA Techn. Paper 1566, 1980.
13 COWPER, G. R., The Shear Coefficient in Timoshenko's Beam Theory, J. Appl. Mech. (1966), S. 335—340.
14 GEBLER, B., Mechanisches Ersatzmodell und Bewegungsgleichungen für einen Industrieroboter mit elastischen Komponenten, ZAMM, 65 (1985) 4, S. T53 — T55.

Eingegangen am 5. November 1984

Anschrift: Priv.-Doz. Dr.-Ing. habil HARTMUT BREMER, Lehrstuhl B für Mechanik, Techn. Universität München, Arcisstraße 21, D-8000 München 2, BRD

BOOK REVIEWS

Brady, M. / Gerhardt, L. A. / Davidson, H. F. (eds.), Robotics and Artificial Intelligence. Berlin-Heidelberg-New York-Tokyo, Springer-Verlag 1984. XVII, 693 S., DM 178,–. ISBN 3-540-12888-3 (NATO ASI Series, Series F: Computer and Systems Sciences 11)

This book is a collection of papers on the subject of Robotics and Artificial Intelligence. Most of the papers contained herein were presented as part of the program of the NATO Advanced Study Institute held in June 1983 at Castelvecchio Pascoli, Italy on the same subject. Attendance at this two week Institute was by invitation only, drawing people internationally representing industry, government and the academic community worldwide. Many of the people in attendance, as well as those presenting papers, are recognized leaders in the field.

In addition to the formal paper presentations, there were several informal workshops. These included a workshop on sensing, a workshop on educational methodology in the subject area, as examples.

This book is an outgrowth and direct result of that Institute and includes the papers presented as well as a few others which were stimulated by that meeting. A special note is the paper entitled "State-of-the-Art and Predictions for Artificial Intelligence and Robotics" by Dr. R. Nagel which appears in the Introduction and Overview chapter of this book. This paper was originally developed as part of a study performed by the National Research Council of the National Academy of Science and published as part of a report entitled "Applications of Robotics and Artificial Intelligence to Reduce Risk and Improve Effectiveness" by National Academy Press in 1983.

In selecting and organizing the papers within this book my intent was to balance the theory and applications, provide introductory and overwiev material as well as reviews of state-of-the-art, and yet provide enough detail in specialized areas which were useful to practitioners in the field.

Chapter I is an Introduction and Overview. It contains three papers on the state-of-the-art for artificial intelligence and robotics, papers authored by individuals pre-eminent in the field and combining industrial, academic and government service experience. Fundamental to the success of robotics is the acquisition of external information through sensory inputs. One of the most significant sensory inputs is, of course, vision. This has been addressed extensively elsewhere and as a consequence, within this book Chapter II entitled "Sensors, Manipulators and Pattern Recognition", concentrates on the mechanical design of robotic manipulators, tactile sensing and the processing of tactile sensed data, and the related field of pattern recognition. Chapter III considers the software side and is entitled "Languages, Software and Computer-Aided Design". The first two papers deal with robot program development and involve automatic synthesis as well as off-line programming. The next two papers address specific languages for robotics and phase into computer-aided design. The final paper establishes new directions for CAD/CAM. Chapter IV entitled „Vision, Object Representation, Shape and Solid Modeling" also may be properly categorized under Chapter II in terms of sensors. However, because of the speciality nature of the vision input and the related area of scene analysis and image understanding as well as image processing and image display, this has been separated out. Five papers appear in this chapter. The first addresses the questions of object representation, identification, as well as object positioning using range data. The second addresses shape representation.

The third paper discusses a laser scanning approach to tracking robot motion in three-dimensional space, and the fourth two multi-processor systems for low level real time vision. Chapter V covers Systems, Control and Mobility. The first paper directs its attention to the dynamics and control of robot manipulators as well as nonlinear robot control. The second two papers describe specific projects that have resulted in the development of mobile robots. The last papers discuss various aspects of systems, control and mobility. Chapter VI in essence is the second major segment of this book and addresses applications. It in turn is divided into two sub-sections. The first is Industrial Applications and the second is a special area of Medical Applications. In the Industrial Applications, the first three papers by Davey, Warnecke, and Märtensson, all address the applications of industrial robots and respectively consider them from the perspective of the United Kingdom, Germany, and Sweden. The next two papers by Beecher and Teale are company specific and describe robotic applications within General Motors and IBM, respectively. In terms of the Medical Field, this area has derived special benefit from the robotics field as well as that of artificial intelligence with particular emphasis in expert systems on the latter. The papers included reflect this. They include a treatment of expert medical systems, robotics at a cyclotron facility, medical laboratory automation, and a special application of robotics applied to the needs of the quadraplegic.

The final chapter, Chapter VII, addresses the future. In it two papers address the future of robotics as well as the more general question of the sociological implications of automation.

(From the preface of Dr. Lester A. Gerhardt*)*

Glowinski, R. / Lions, J.-L. (eds.), Computing Methods in Applied Sciences and Engineering VI. Amsterdam-New York, North-Holland Publ. Co. 1984. XIV, 728 S., US $ 77.00. Dfl. 200.00 ISBN 0-444-87597-2

Numerical simulation is a most important field of Science and Engineering. Therefore, every other year, since 1973, the International Symposia on Computing Methods in Applied Sciences and Engineering, organized by INRIA, have gathered the best specialists in the world. Although the sixt symposium has been the continuation of the previous ones, the organizers have tried this time to emphasize on the very topics which are at the interface of numerical mathematics and computer sciences, such as parallel computing. It is clear that vector machines will completely modify the landscape of numerical simulation and will make possible the simulation of phenomena related to turbulence, combustion, physics and threedimension mechanics, etc. ... However efficient numerical methods will still have to be used and theoretically analyzed.

The program of the 1983 December Symposium has reflected the remarks mentioned above. The following topics have been discussed within the scope of the numerical simulation:

- Structural Mechanics
- Fluid Mechanics
- Nonlinear Analysis
- Numerical Algebra and Software
- Semi-Conductors
- Reservoir engineering
- Particle and Spectral Methods
- Multigrid Methods
- Parallel Computing.

A full session has been devoted to the numerical treatment of the Euler equations for compressible inviscid fluids.

This book contains the text of the lectures which have been presented during the symposium.

(From the Editors' preface)

Fortin, M. / Glowinski, R., Augmented Lagrangian Methods: Applications to the Numerical Solution of Boundary-Value Problems. Amsterdam-New York, North-Holland Publ. Co. 1983. XX, 340 S., US $ 59.50. Dfl. 140.00. ISBN 0-444-86680-9 (Studies in Mathematics and its Applications 15) — Translation from the French

Rezension der französischen Fassung dieses Buches siehe ZAMM 63 (1983), 11 583.

ZAMM · Z. angew. Math. Mech. 65 (1985) 12, 623–631

SCHULZ, R.

Analytische Berechnung der Drehschwingungen mehrstufiger Stirnradgetriebe

Für ein N-stufiges Stirnradgetriebe mit Übersetzungsverhältnissen der einzelnen Stufen, die wesentlich von 1 verschieden sind, werden explizite Näherungsformeln für die Stabilitätsgrenzen und die dynamischen Zusatzbelastungen, die durch die Zahnsteifeerregung hervorgerufen werden, abgeleitet. Es werden dabei die Störungstheorie endlichdimensionaler Operatoren und das Integralgleichungsverfahren verwendet.

The paper deals with th. calculation of dynamical effects for N-stage gears with transmission ratio essentially different from 1. Explicit approximation formulas are derived for stability limits and additional dynamical loading produced by varying tooth stiffness. Perturbation theory of finite dimensional operators and integral equations method are used.

Изучаются передаточные механизмы с N количеством передач, передаточные числа которых значительно больше единицы. Выводятся явные приближённые формулы для границ устойчивости и для дополнительных динамических нагрузок, вызываемых жёсткостью зубцов. При этом используется теория возмущений конечномерных операторов и метод интегральных уравнений.

1. Einleitung

Es sollen im folgenden die Drehschwingungen eines N-stufigen Stirnradgetriebes der in Bild 1 angegebenen Struktur untersucht werden. Dabei ist es das vorrangige Ziel des Autors, explizite Näherungsformeln für die auftretenden dynamischen Belastungen zu entwickeln. Das ist möglich, wenn man voraussetzt, daß die Übersetzungsverhältnisse in den einzelnen Stufen entweder alle wesentlich größer oder wesentlich kleiner als 1 sind. Was man hier unter „wesentlich" zu verstehen hat, wird insbesondere an den Beispielen aus Abschnitt 6 deutlich.

Die Schwingungsgleichungen werden für das allgemeine, lineare Modell nach Bild 1 abgeleitet. Um das angewandte Verfahren aber möglichst durchsichtig zu halten, werden bei der Ableitung der Näherungsformeln die Wellen als starr angenommen, und es wird nur die Wirkung der veränderlichen Zahnsteifigkeit untersucht.

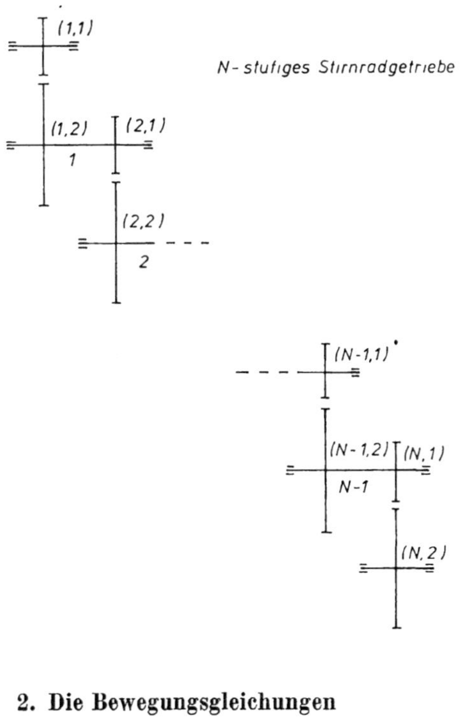

Bild 1.

2. Die Bewegungsgleichungen

Wir wollen zuerst die im weiteren benötigten Koordinatenbeziehungen ableiten. Sei φ_{nq} der Verdrehwinkel des q-ten Rades der n-ten Stufe (s. Bild 1), das wir im folgenden Rad (n, q) nennen wollen, und gelte für die quasistatische fehlerfreie Bewegung

$$\varphi_{k2} = \varphi_{k+1,1}\,, \qquad k = 1, \dots, N-1$$

und

$$r_{n1}\varphi_{n1} = r_{n2}\varphi_{n2}\,, \qquad n = 1, \dots, N\,,$$

wobei r_{nq} der Grundkreisradius des Rades (n, q) ist. Im Abschnitt 2 laufen, falls nichts anderes gesagt ist, die Indizes n, m von 1 bis N, dagegen k, l von 1 bis $N-1$ und q von 1 bis 2. Mit der Fehlerfunktion $f_n = f_n(\varphi_{n1}, \varphi_{n2})$ der

n-ten Stufe ergeben sich die Relativverschiebungen y_n im Zahneingriff der n-ten Stufe und die Relativverdrehungen ψ_k zwischen dem Rad $(k+1, 1)$ und dem Rad $(k, 2)$, die gemeinsam auf der k-ten Welle sitzen, zu

$$y_n = r_{n1}\varphi_{n1} - r_{n2}\varphi_{n2} + f_n$$

und

$$\psi_k = \varphi_{k2} - \varphi_{k+1,1} .$$

Damit ergeben sich die Absolutbewegungen φ_{nq} zu

$$\varphi_{n1} = \frac{\varphi_{11}}{i_{1,n-1}} + \sum_{j=1}^{n-1} \frac{1}{i_{j+1,n-1}} \left(\frac{f_j - y_j}{r_{j2}} - \psi_j\right),$$

$$\varphi_{n2} = \frac{\varphi_{11}}{i_{1n}} + \sum_{j=1}^{n-1} \left(\frac{f_j - y_j}{i_{j+1,n} r_{j2}} - \frac{\psi_j}{i_{j+1,n}}\right) + \frac{f_n - y_n}{r_{n2}},$$

wobei $i_n = r_{n2}/r_{n1}$ das Übersetzungsverhältnis der n-ten Stufe und

$$i_{nm} = \prod_{j=n}^{m} i_j$$

ist.

Da das Getriebe nur kleine Schwingungen um die quasistatische Drehbewegung ausführt, können wir die von den Drehwinkeln Ω_{nq} abhängigen Fehler und Zahnsteifefunktionen näherungsweise als Funktionen der Zeit annehmen,

$$f_n(\varphi_{n1}, \varphi_{n2}) = f_n(\Omega_{n1}t, \Omega_{n2}t) = f_n(t) ,$$

$$C_n(\varphi_{n1}, \varphi_{n2}) = C_n(\Omega_{n1}t, \Omega_{n2}t) = C_n(t) .$$

Die kinetische und potentielle Energie des Getriebes ergeben sich dann zu

$$T = \tfrac{1}{2} \sum_{n=1}^{N} \sum_{q=1}^{2} J_{nq}\dot{\varphi}_{nq}^2 , \qquad U = \tfrac{1}{2} \sum_{n=1}^{N} C_n(t)\, y_n^2 + \tfrac{1}{2} \sum_{k=1}^{N-1} C_k^w \psi_k^2 , \tag{1), (2}$$

mit J_{nq} als Trägheitsmoment des Rades (n, q) und C_k^w als Steifigkeit der k-ten Welle.

Die virtuellen Arbeiten der Dämpfungen und der angreifenden Momente haben die Form

$$\delta A_D = - \sum_{n=1}^{N} D_n \dot{y}_n \delta y_n - \sum_{k=1}^{N-1} D_k^w \dot{\psi}_k \delta\psi_k \tag{3}$$

und

$$\delta A_M = M_{\text{AN}} \delta\varphi_{11} - M_{\text{AB}} \delta\varphi_{N,2} , \tag{4}$$

mit den linearen Dämpfungen D_n im Zahneingriff der n-ten Stufe und D_k^w in der k-ten Welle, M_{AN} als Antriebs- und M_{AB} als Abtriebsmoment. Berechnen wir nun aus (1) bis (4) die Lagrangeschen Gleichungen bezüglich φ_{11}, y_n, ψ_k und eliminieren wir φ_{11}, so erhalten wir die Schwingungsgleichungen des Systems

$$\sum_{m=1}^{N} I_{nm}\ddot{y}_m + \sum_{k=1}^{N-1} I_{nk}^{zw}\ddot{\psi}_k + C_n y_n = \frac{M_{\text{AB}}}{i_{n+1,N} r_{n2}} + \sum_{m=1}^{N-1} I_{nm}\ddot{f}_m + \frac{I_n}{I_0}\left(M_{\text{AN}} - \frac{M_{\text{AB}}}{i_{1N}}\right) - D_n\dot{y}_n , \tag{5}$$

$$\sum_{m=1}^{N} I_{km}^{wz}\ddot{y}_m + \sum_{j=1}^{N-1} I_{kj}^{ww}\ddot{\psi}_j + C_k^w\psi_k = \frac{M_{\text{AB}}}{i_{k+1,N}} + \sum_{m=1}^{N} I_{km}^{wz}\ddot{f}_m + \frac{I_k^w}{I_0}\left(M_{\text{AN}} - \frac{M_{\text{AB}}}{i_{1N}}\right) - D_k^w\dot{\psi}_k . \tag{6}$$

Hierbei ist

$$I_{nm} = I_{mn} = \left(-I_m I_n/I_0 + i_{1,\min(m,n)} I_{\max(m,n)}\right)/(r_{m2} r_{n2}) ,$$

$$I_{nk}^{zw} = I_{kn}^{wz} = \left(-I_m I_k^w/I_0 + i_{1,\min(n,k)} I_{\max(n,k)}^w + \sum_{j=1}^{n-1} J_{n2}\delta(j,k)\right)/r_{n2} ,$$

$$I_{kl}^{ww} = I_{lk}^{ww} = -I_k^w I_l^w/I_0 + i_{1,\min(k,l)} I_{\max(k,l)}^w ,$$

$$I_n = \sum_{j=n}^{N} J_{j+1}/(i_{1j} i_{n+1,j}) \qquad (n = 0, \dots, N) , \qquad I_n^w = \sum_{j=n+1}^{N} J_j^w/(i_{1,j-1} i_{n+1,j-1}) ,$$

$$J_{k+1} = J_{k+1,1} + J_{k2} , \qquad J_n^w = J_{n1} + J_{n2}/i_n^2 , \qquad J_1 = J_{11} , \qquad J_{N+1} = J_{N2} ,$$

und $\delta(j, k)$ das Kroneckersymbol.

Nehmen wir die Wellen als starr an und setzen wir $M_{\text{AN}} i_{1N} = M_{\text{AB}}$ und $f_m \equiv 0$ voraus, so erhalten wir das Gleichungssystem

$$\sum_{m=1}^{N} I_{nm}\ddot{y}_m + C_n y_n = M_{\text{AN}} i_{1n}/r_{n2} - D_n\dot{y}_n , \tag{7}$$

das wir hier unseren Untersuchungen zugrunde legen wollen.

3. Die allgemeine Form der Näherungslösung

Schreiben wir jetzt (7) in der Form

$$I\ddot{y} + Cy = -CV(t)\,y + M - D\dot{y} \tag{8}$$

mit $I = (I_{mn})$, diag $(C_n) = C(E + V(t))$ (C sei die Diagonalmatrix der mittleren Zahnsteifigkeiten, E die $N \times N$ Einheitsmatrix, $V(t) = \text{diag}\,(V_{nn}(t))$, $M = (M_{AN}i_{11}/r_{12}, \dots, M_{AN}i_{1N}/r_{N2})^T$, $D = \text{diag}\,(D_n)$. Insbesondere ist also $V_{nn}(t)$ der auf die mittlere Zahnsteifigkeit bezogene variable Anteil der Zahnsteifigkeit der n-ten Stufe. Seien $H = C^{-1/2}IC^{-1/2}$, χ_n die Eigenwerte von H, S die Matrix, deren Spalten die normierten Eigenvektoren von H sind,

$$\lambda_n = \chi_n^{-1}\,, \qquad \Lambda = \text{diag}\,(\lambda_n)\,, \qquad T = C^{-1/2}S\Lambda^{1/2}\,, \tag{9}$$

dann kommen wir mit

$$y = Tz \tag{10}$$

zur Schwingungsgleichung in Hauptkoordinaten

$$z + \Lambda z = T^T\big(M - CV(t)\,Tz - DT\dot{z}\big) = \Phi(z, \dot{z}, t)\,. \tag{11}$$

Wir wollen jetzt den sicher wichtigsten Resonanzfall einer einfachen Resonanz in der m-ten Gleichung des Systems (11) mittels des Integralgleichungsverfahrens (s. [1]) näher untersuchen. Die n-te Komponente der ersten Näherung ist dabei

$$z_n^{(1)} = (\Lambda^{-1}T^TM)_n + (r\cos\varkappa_m t + s\sin\varkappa_m t)\,\delta(n, m) \tag{12}$$

mit $\varkappa_m = \sqrt{\lambda_m}$.

Zur Bestimmung der Verzweigungsparameter r und s setzen wir nun $z^{(1)}$ in die rechte Seite von (11) ein und erhalten

$$\Phi(z^{(1)}, \dot{z}^{(1)}, t)_m = (T^TM)_m - (T^TVM)_m - (T^TCVT)_{mm}\,(r\cos\varkappa_m t + s\sin\varkappa_m t) - (T^TDT)_{mm}\,\varkappa_m \times$$
$$\times\,(-\,r\sin\varkappa_m t + s\cos\varkappa_m t)\,. \tag{13}$$

Zur späteren Verwendung wollen wir jetzt die Steifigkeits- und Dämpfungsmatrix in der Form

$$C = G\cdot\hat{C}\cdot c \quad \text{bzw.} \quad D = G\cdot\hat{D}\cdot d$$

aufspalten, wobei G, $\hat{C}$ und $\hat{D}$ Matrizen mit bezogenen Größen und c bzw. d Bezugssteifigkeit bzw. Dämpfung darstellen.

Mit den Funktionen (X ist hier eine $N \times N$-Matrix)

$$P(X)_m = (T^TGXT)_{mm}\,, \qquad F(X)_m = (T^TXM)_m$$

und $V_\varkappa^{c,s}$ als Koeffizienten von $\cos\varkappa t$ bzw. $\sin\varkappa t$ in $V(t)$ haben die Verzweigungsgleichungen, die wir erhalten, wenn wir in (13) die Koeffizienten von $\cos\varkappa_m t$ und $\sin\varkappa_m t$ Null setzen, die Gestalt

$$\left.\begin{aligned} &F(V_{\varkappa_m}^c)_m + \frac{c}{2}\,P(\hat{C}V_{2\varkappa_m}^c)_m\,r + \left(\frac{c}{2}\,P(\hat{C}V_{2\varkappa_m}^s)_m - \varkappa_m d P(\hat{D})_m\right)s = 0\,,\\ &F(V_{\varkappa_m}^s)_m + \left(\frac{c}{2}\,P(\hat{C}V_{2\varkappa_m}^s)_m + \varkappa_m d P(\hat{D})_m\right)r - \frac{c}{2}\,P(\hat{C}V_{2\varkappa_m}^c)_m\,s = 0\,. \end{aligned}\right\} \tag{14}$$

Sei

$$\left.\begin{aligned} &\bar{\bar{A}}_m^f\cos(\varkappa_m t + \vartheta_m^f) = F(V_{\varkappa_m}^c)_m\cos\varkappa_m t + F(V_{\varkappa_m}^s)_m\sin\varkappa_m t\,,\\ &\bar{\bar{A}}^p\cos(2\varkappa_m t + \vartheta_m^p) = P(\hat{C}V_{2\varkappa_m}^c)_m\cos 2\varkappa_m + P(\hat{C}V_{2\varkappa_m}^s)_m\sin 2\varkappa_m t \end{aligned}\right\} \tag{15}$$

und

$$\vartheta_m = \vartheta_m^p - 2\vartheta_m^f$$

und damit $\bar{\bar{A}}_m^f$, $\bar{\bar{A}}_m^p$, ϑ_m die Amplituden der zur Resonanz führenden Fremd- und Parametererregung und die wirksame Phasenverschiebung zwischen ihnen, dann ergibt sich der kritische Dämpfungswert, bei dem (in dem hier verwendeten linearen Modell) das System aufgrund einer Resonanz in der m-ten Hauptachsengleichung instabil wird, zu

$$d_m^{\text{krit}} = \frac{c\bar{\bar{A}}_m^p}{2P(\hat{D})_m\varkappa_m}\,. \tag{16}$$

Beziehen wir nun die Dämpfung mittels

$$\hat{d}_m = \frac{d}{d_m^{\text{krit}}} \tag{17}$$

auf die kritische Dämpfung, dann ergibt sich aus der Lösung von (14) für $\hat{d}_m > 1$ die Resonanzamplitude

$$B_m = \frac{2\bar{\bar{A}}_m^f(1 - \hat{d}_m\sin\vartheta_m + \hat{d}_m^2)^{1/2}}{c\bar{\bar{A}}_m^p(\hat{d}_m^2 - 1)}\,. \tag{18}$$

Wir wollen nun noch kurz einen anderen Weg skizzieren, der manchmal benutzt wird, um Getriebeschwingungen zu berechnen (s. etwa [2]). Gehen wir wieder von (7a) aus und setzen wir

$$\tilde{y} = y - C^{-1}M .$$

Vernachlässigen wir in der so erhaltenen Differentialgleichung für $\tilde{y}$ die Parametererregung, so kommen wir zu

$$I\ddot{\tilde{y}} + C\tilde{y} = -V(t)\, M - D\dot{\tilde{y}} \tag{19}$$

als Differentialgleichungssystem mit konstanten Koeffizienten. Setzen wir nun, um leichter zu einem qualitativen Vergleich zu kommen, noch voraus, daß $D = d_c \cdot C$ sei, wobei d_c eine Konstante ist, und daß das Lehrsche Dämpfungsmaß in der m-ten Gleichung klein gegen 1 ist, so wird mit der Transformation (10) (19) zu

$$\ddot{\tilde{z}} + d_c\Lambda\dot{\tilde{z}} + \Lambda\tilde{z} = -T^T V(t)\, M ,$$

woraus sich die Resonanzamplitude von $\tilde{z}_m$ bei Resonanz in der m-ten Hauptachsengleichung als

$$B_m^* = \frac{\bar{\bar{A}}{}^f_m}{d_c \varkappa_m^3} = \frac{2\bar{\bar{A}}{}^f_m}{c\bar{\bar{A}}{}^p_m \hat{d}_m} \tag{20}$$

berechnet.

Ein Vergleich von (20) mit (18) zeigt, daß B_m^* eine gute Näherung für B_m darstellt, falls $\hat{d}_m \gg 1$ ist.

Von wesentlichem Interesse für die Beurteilung von Getriebeschwingungen ist das Verhältnis von dynamischer zu statischer Belastung. Benutzen wir als Belastungsgröße die Verschiebungen im Zahneingriff, so ergibt sich als Dynamikfaktor der n-ten Stufe bei Resonanz in der m-ten Hauptachsengleichung

$$K_{nm} = T_{nm} B_m C_{nn}/M_n + 1 . \tag{21}$$

4. Die näherungsweise Bestimmung der Eigenwerte und Eigenvektoren von *Π*

Zur angenäherten Berechnung für die in die Näherungslösung (12) und damit insbesondere auch in (18) und (21) eingehende Hauptachsentransformation T wollen wir jetzt eine Störungsrechnung (s. etwa bei [3] oder ausführlicher in [4]) durchführen. Als Störungsparameter wollen wir $\varepsilon = i^{-2/3}$ wählen, wobei i eine „mittlere" Übersetzung pro Stufe ist. Es sei im folgenden stets $i > 1$, im Fall $i < 1$ ist einfach An- und Abtrieb zu vertauschen, wodurch die Schwingungsgleichungen nicht verändert werden. Um die Störungsrechnung zu ermöglichen, wollen wir alle auftretenden Größen auf gewisse mittlere Größen beziehen.

Es sei

$$J_{n,1} = J\hat{J}_{n,1} i^{(n-1)/2} , \qquad J_{n,2} = J\hat{J}_{n,2} i^{(n-1)/2+7/2} ,$$

$$C_n = c\hat{C}_n i^{(n-1)/2} , \qquad D_n = d\hat{D}_n i^{(n-1)/2} ,$$

$$i_n = i\hat{i}_n , \qquad \hat{i}_{nm} = \prod_{j=n}^{m} \hat{i}_j , \qquad r_{n1} = r\hat{r}_{n1} , \qquad r_{n2} = r\hat{r}_{n2} i , \qquad M_n = M_{\mathrm{AN}}\hat{M}_n r^{-1} i^{(n-1)} .$$

Dieser Darstellung liegen die Annahmen zugrunde, daß die Trägheitsmomente und die Zahnsteifigkeiten der Ritzel pro Stufe etwa um die Wurzel der Übersetzung zunehmen und daß ein Rad gegenüber dem Ritzel etwa ein um den Faktor $i_n^{7/2}$ vergrößertes Trägheitsmoment besitzt. Beide entsprechen konstruktiven Überlegungen und sind in vielen realen Getrieben erfüllt.

Damit können wir die symmetrische Massematrix I als

$$I_{mn} = J r^{-2} i^{(2-n+2m)/2} \left(\hat{I}^{(0)}_{mn} + \hat{I}^{(2)}_{mn} i^{-3/2} + O(i^{-3})\right) , \qquad m \leqq n$$

mit

$$\hat{I}^{(0)}_{mn} = \begin{cases} 0 & \text{für} \quad 1 = m \leqq n \\ \dfrac{\hat{i}_{1m}\hat{J}_{n2}}{\hat{i}_{1n}\hat{r}_{m2}\hat{r}_{n2}} & \text{für} \quad 1 < m \leqq n \end{cases}$$

und

$$\hat{I}^{(2)}_{mn} = \begin{cases} \dfrac{\hat{J}_{n2}\hat{J}_{11}\hat{i}_1^3}{\hat{r}_{n2}\hat{r}_{12}\hat{J}_{12}\hat{i}_{1n}} & \text{für} \quad 1 = m \leqq n , \\ \dfrac{1}{\hat{r}_{n2}\hat{r}_{22}}\left(\dfrac{\hat{J}_{n+1}\hat{i}_{12}}{\hat{i}_{n+1}\hat{i}_{1,n+1}} - \dfrac{\hat{J}_{n2}\hat{J}_{22}\hat{i}_1^2}{\hat{J}_{12}\hat{i}_{1m}\hat{i}_{12}}\right) & \text{für} \quad 2 = m \leqq n , \\ \dfrac{\hat{J}_{n+1}\hat{i}_{1m}}{\hat{r}_{m2}\hat{r}_{n2}\hat{i}_{n+1}\hat{i}_{1,n+1}} & \text{für} \quad 2 < m \leqq n , \end{cases}$$

schreiben, und mit

$$\hat{H}^{(s)}_{mn} = \begin{cases} \hat{I}^{(s-|m-n|)}_{mn} \hat{c}_m^{-1/2} \hat{c}_n^{-1/2} & \text{für } s - |m-n| = 0 \text{ oder } 2 \\ 0 & \text{sonst}, \end{cases}$$

und

$$\hat{H}(\varepsilon) = \hat{H}^{(0)} + \hat{H}^{(1)}(\varepsilon) + \hat{H}^{(2)}\varepsilon^2 + O(\varepsilon^3)$$

ist

$$H = Jc^{-1}r^{-2}\varepsilon^{-2}\hat{H}(\varepsilon).$$

Für $\hat{H}(\varepsilon)$ wollen wir nun die Störungsrechnung durchführen. Ganz allgemein gilt der folgende Satz.

Ist

$$\hat{H}(\varepsilon) = \hat{H}^{(0)} + \hat{H}^{(1)}\varepsilon + \ldots$$

eine um $\varepsilon = 0$ analytisch von ε abhängige symmetrische Matrix, dann sind auch die Eigenwerte

$$\hat{\chi}_n(\varepsilon) = \hat{\chi}_n^{(0)} + \hat{\chi}_n^{(1)}\varepsilon + \ldots \tag{22}$$

analytisch, und die normierten Eigenvektoren können als analytische Funktionen

$$x_n(\varepsilon) = x_n^{(0)} + x_n^{(1)}\varepsilon + \ldots \tag{23}$$

gewählt werden.

Bei der Berechnung der Koeffizienten der Reihen (22) und (23) sind zwei Fälle zu unterscheiden. Für den Fall, daß $\hat{\chi}_n^{(0)}$ von allen anderen Eigenwerten von $\hat{H}^{(0)}$ wesentlich verschieden ist, müssen wir anders vorgehen als wenn das nicht gilt (Fall A und Fall B). „Wesentlich verschieden" heißt hier grob gesagt, daß der Differenzbetrag größer als ε ist.

Im Fall A können wir die Koeffizienten der Reihen nach [3] durch die Rekursion

$$\hat{\chi}_n^{(s)} = x_n^{(0)T} \sum_{t=0}^{s-1} \hat{H}^{(s-t)} x_n^{(t)}, \qquad x_n^{(s)} = Q_n\Big[\sum_{t=1}^{s-1} (\hat{H}^{(s-t)} - \hat{\chi}_n^{(s-t)}E)\, x_n^{(t)} + \hat{H}^{(s)} x_n^{(0)}\Big] \tag{24}$$

berechnen, wobei, falls wie in unserem Fall $\hat{H}^{(0)}$ Diagonalmatrix ist,

$$\hat{\chi}_n^{(0)} = \hat{H}^{(0)}_{nn}, \qquad x_n^{(0)} = \big(\delta(m, n)\big)_{m=1,\ldots,N}$$

und

$$Q_n = \operatorname{diag}\,[\big(1 - \delta(m, n)\big)\,(H^{(0)}_{nn} - H^{(0)}_{mn})^{-1}]_{m=1,\ldots,N}$$

sind.

Daraus ergeben sich

$$\chi_n = \begin{cases} Jc^{-1}r^{-2}\hat{H}^{(2)}_{11}\big(1 + O(\varepsilon^2)\big) & \text{für } n = 1 \\ Jc^{-1}r^{-2}\varepsilon^{-2}\hat{H}^{(0)}_{nn}\big(1 + O(\varepsilon^2)\big) & \text{für } n > 1 \end{cases} \tag{25}$$

und

$$x_n^{(1)} = \begin{cases} (0, \ldots, 0)^T \quad \text{für } n = 0 \\ (0, 0, \hat{H}^{(1)}_{32}/(\hat{H}^{(0)}_{22} - \hat{H}^{(0)}_{33}), 0, \ldots)^T \quad \text{für } n = 2 \\ (0, \ldots, 0, \hat{H}^{(1)}_{n-1,n}/(\hat{H}^{(0)}_{nn} - \hat{H}^{(0)}_{n-1,n-1}), 0, \hat{H}^{(1)}_{n+1,n}/(\hat{H}^{(0)}_{nn} - \hat{H}^{(0)}_{n+1,n+1}), 0, \ldots)^T \quad \text{für } n > 2, \end{cases} \tag{26}$$

wobei in der letzten Zeile $n - 2$ führende Nullen stehen; entsprechend läßt sich auch $x_n^{(2)}$ berechnen.

Es gilt dafür insbesondere $x_1^{(2)} = 0$ und $x_{n,1}^{(2)} = 0$, wenn $x_{n,k}^{(s)}$ die k-te Komponente von $x_n^{(s)}$ bezeichnet. Daraus erkennen wir, daß die erste Stufe und die n-ten Stufen für $n > 1$ bis auf Größen der Ordnung $O(\varepsilon^3)$ als entkoppelt angesehen werden können.

Im Fall B ist die Störungsrechnung etwas komplizierter. Wir wollen uns deshalb hier auf den Fall, daß $\hat{H}^{(0)}_{22} \approx \approx \hat{H}^{(0)}_{33}$ ist und alle $H^{(0)}_{nn}$ für $n > 3$ untereinander und von $\hat{H}^{(0)}_{22}$ wesentlich verschieden sind, beschränken. Dabei bekommen wir neue Formeln für die χ_n, x_n ($n = 2, 3$), für die anderen n bleiben aber die für Fall A gewonnenen gültig.

Mit

$$\bar{h} = (\hat{H}^{(0)}_{22} + \hat{H}^{(0)}_{33})/2$$

und

$$\bar{H}^{(s)}_{mn} = \begin{cases} \bar{h} & \text{für } m = n; \quad n = 2, 3; \quad s = 0 \\ (\hat{H}^{(0)}_{mn} - \bar{h})/\varepsilon & \text{für } m = n; \quad n = 2, 3; \quad s = 1 \\ \hat{H}^{(s)}_{mn} & \text{sonst} \end{cases}$$

können wir auf $\bar{H}(\varepsilon)$ die Reduktionstheorie (s. etwa [4]) anwenden und kommen damit zu

$$\bar{\chi}_u^{(0)} = \bar{h}, \qquad \bar{\chi}_{2,3}^{(1)} = \pm((\bar{H}^{(1)}_{22})^2 + (\hat{H}^{(1)}_{23})^2)^{1/2}, \qquad \bar{\chi}_u^{[1]} = \bar{\chi}_u^{(0)} + \bar{\chi}_u^{(1)}\varepsilon$$

und

$$\chi_u = Jc^{-1}r^{-2}\varepsilon^{-2}\big(\bar{\chi}_u^{[1]} + O(\varepsilon^2)\big), \qquad u = 2, 3 \tag{27}$$

und mit den Abkürzungen

$$\alpha = \bar{H}_{22}^{(1)} - \left((\bar{H}_{22}^{(1)})^2 + (\hat{H}_{23}^{(1)})^2\right)^{1/2}, \qquad \beta = \left(\alpha^2 + (\hat{H}_{23}^{(1)})^2\right)^{1/2},$$

$$\gamma = \frac{\hat{H}_{23}^{(1)}\alpha\left(-\hat{H}_{22}^{(2)} + \hat{H}_{33}^{(2)} + (\hat{H}_{34}^{(1)})^2/(\hat{H}_{44}^{(0)} - \bar{H}_{22}^{(0)})\right)}{2\beta\left((\bar{H}_{22}^{(1)})^2 + (\hat{H}_{23}^{(1)})^2\right)^{1/2}}$$

zu

$$\left.\begin{aligned} x_2^{[1]} &= x_2^{(0)} + x_2^{(1)}\varepsilon = \beta^{-1}(0, -\hat{H}_{23}^{(1)} - \gamma\alpha\varepsilon, \alpha - \gamma\hat{H}_{23}^{(1)}\varepsilon, \hat{H}_{23}^{(1)}\ \hat{H}_{34}^{(1)}\varepsilon/(\hat{H}_{44}^{(1)} - \bar{h}), 0, \dots)^T, \\ x_3^{[1]} &= x_3^{(0)} + x_3^{(1)}\varepsilon = \beta^{-1}(0, \alpha - \gamma\hat{H}_{23}^{(1)}\varepsilon, \hat{H}_{23}^{(1)} + \gamma\alpha\varepsilon, \alpha\hat{H}_{34}^{(1)}\varepsilon/(\hat{H}_{44}^{(0)} - \bar{h}), 0, \dots)^T, \end{aligned}\right\} \tag{28}$$

wir haben so mit (25), (26), (27) und (28) für die beiden von uns ins Auge gefaßten Fälle Näherungen bis auf Terme der Größenordnung $O(\varepsilon^2)$ für die Eigenwerte und Eigenvektoren von H und damit auch die Transformationsmatrizen S und T nach (9).

Mit

$$x^{[s]} = x^{(0)} + x^{(1)}\varepsilon + \dots + x^{(s)}\varepsilon^s$$

ergibt sich als Näherung für S die Matrix von Spaltenvektoren

$$S^{[s]} = (x_1^{[s]}, \dots, x_N^{[s]}), \tag{29}$$

wobei je nach dem zu behandelnden Fall $x_n^{[1]}$ nach (26) oder (28) zu nehmen ist.

5. Näherungsformeln für die dynamischen Kenngrößen des Getriebes

Wir wollen jetzt die in Abschnitt 3 abgeleiteten allgemeinen Formeln mit Hilfe der Ergebnisse aus Abschnitt 4 konkretisieren. Dabei müssen wir wie dort zwischen den Fällen A und B unterscheiden. Im Fall B werden nur die Resonanzen berücksichtigt, für die die Erregungen und Wirkungen nur die Stufen 2 und 3 betreffen, obwohl natürlich auch im Fall B Erregungen aus der vierten Stufe wesentlichen Einfluß auf die dritte Stufe haben können. Für die dadurch oder durch die noch zu treffenden Einschränkungen ausgesparten Fälle können durch die Anwendung der Ergebnisse aus Abschnitt 3 und 4 die entsprechenden Formeln ohne weiteres gewonnen werden.

Sei

$$V_{kk}(t) = \sum_{\varrho=1}^{\infty} \left(v_{k\varrho}^c \cos(\omega_k\varrho t) + v_{k\varrho}^s \sin(\omega_k\varrho t)\right) \tag{30}$$

die Erregung durch die k-te Stufe mit der Zahneingriffsfrequenz der k-ten Stufe

$$\omega_k = \Omega_1 i_{1k}^{-1} z_{k2},$$

Ω_1 als Kreisfrequenz des Ritzels der ersten Stufe und z_{kq} als Zähnezahl des Rades (k, q), wobei wir voraussetzen wollen, daß die $V_{kk}(t)$ von gleicher Größenordnung sind.

Sei m die Nummer der Hauptachsengleichung, für die wir das Resonanzverhalten untersuchen wollen, dann tragen die Glieder aus den Fourierreihen (30) zur fremderregten bzw. zur Parameterresonanz bei, für die

$$\varrho\omega_k = \varkappa_m \quad \text{bzw.} \quad \varrho\omega_k = 2\varkappa_m$$

gilt. Wir schreiben dafür

$$f_{mk}^x = v_{k\varrho}^x \quad \text{bzw.} \quad p_{mk}^x = v_{k\varrho}^x \qquad (x = c, s).$$

Im Fall A wollen wir jetzt zur Vereinfachung der Formeln voraussetzen, daß die f_{mk} nur für jeweils ein k wesentlich von Null verschieden sind und nur Parametererregungen aus der m-ten Stufe berücksichtigen, da die Wirkung anderer (bei gleicher Größe der p_{mm}^x und p_{mk}^x $(k \neq m)$, s. aber Beispiel 1 in Abschnitt 6!) um $O(\varepsilon^2)$ kleiner ist. So ergibt sich für diesen Fall die Amplitude der wirksamen Fremd- bzw. Parametererregung zu

$$A_{mk}^f = \left((f_{mk}^c)^2 + (f_{mk}^s)^2\right)^{1/2} \quad \text{bzw.} \quad A_{mm}^p = \left((p_{mm}^c)^2 + (p_{mm}^s)^2\right)^{1/2}$$

Im Fall B ist die Eingrenzung der Parametererregungen nicht mehr in dieser Weise möglich, andererseits wollen wir uns im folgenden auf die Wechselwirkungen der zweiten und dritten Stufe beschränken. Deshalb führen wir die transformierten Amplituden

$$\bar{A}_u^f = \Big[\sum_{x=c,s}\Big(\sum_{w=2,3} \hat{C}_w^{-1/2}\hat{M}_w S_{wu}^{[1]} f_{uw}^x \varepsilon^{3-w}\Big)^2\Big]^{1/2} (\bar{\chi}_u^{[1]})^{-1/2} \tag{31}$$

und

$$\bar{A}_u^p = \Big[\sum_{x=c,s}\Big(\sum_{w=2,3} (S_{wu}^{[1]})\, p_{uw}^x\Big)^2\Big]^{1/2} (\bar{\chi}_u^{[1]})^{-1}$$

ein, aus denen sich

$$\bar{\bar{A}}_u^f = J^{-1/2} M_{\mathrm{AN}} \bar{A}_u^f \varepsilon^{-1} \quad \text{und} \quad \bar{\bar{A}}_u^p = J^{-1} r^2 \bar{A}_u^p \varepsilon^2$$

nach (15) ergeben, wobei hier und im folgenden u und v die Werte 2 und 3 annehmen, wogegen k, m und n von 1 bis N laufen sollen. Mit den genannten Einschränkungen ergibt sich für Fall A

$$d_m^{\text{krit}} = 2^{-1} c^{1/2} J^{1/2} r^{-1} \hat{C}_m \hat{D}_m (\hat{H}_{mm}^{(2\delta(m,1))})^{1/2} A_{mm}^p \varepsilon^{\delta(m,1)-1} \tag{32 A}$$

und für Fall B

$$d_u^{\text{krit}} = 2^{-1} c^{1/2} J^{1/2} r^{-1} \hat{C}_u \Big[\sum_{w=2,3} \left(\hat{C}_w^{-1} \hat{D}_w (S_{wu}^{[1]})^2\right)\Big]^{-1} (\bar{\chi}_u^{[1]})^{3/2} \bar{A}_u^p \varepsilon^{-1}. \tag{32 B}$$

Seien B_{mk} die Resonanzamplitude der m-ten Hauptkoordinate bei Fremderregung durch die k-te und Parametererregung durch die m-te Stufe (Fall A) und B_u diese Amplitude bei Erregungen aus der zweiten und dritten Stufe (Fall B), so ergibt sich

$$B_{mk} = \frac{2J^{1/2}M_{\mathrm{AN}}\hat{M}_k(H^{(2\delta(m,1))})^{1/2}\,S_{km}^{(|k-m|)}A_{mk}^f(1 - 2\hat{d}_m \sin\vartheta_m + \hat{d}_m^2)^{1/2}}{cr^2\hat{C}_k^{1/2}A_{mm}^p(\hat{d}_m^2 - 1)} \times$$
$$\times\, \varepsilon^{-k+|k-m|+2|\delta(m,1)-\delta(k,1)|-\delta(m,1)}\,, \tag{33 A}$$

$$B_u = \frac{2J^{1/2}M_{\mathrm{AN}}\bar{A}_u^f(1 - \hat{d}_u \sin\vartheta_u + \hat{d}_u^2)^{1/2}}{cr^2\bar{A}_u^p(\hat{d}_u^2 - 1)}\,\varepsilon^{-3}. \tag{33 B}$$

Bezeichnen wir die mit (33 A, B) nach (21) berechneten Dynamikfaktoren mit K_{nmk} bzw. K_{vu}, so erhalten wir

$$K_{nmk} = \frac{2\hat{C}_n^{1/2}\hat{M}_k S_{nm}^{(|n-m|)}S_{km}^{(|k-m|)}A_{mk}^f(1 - 2\hat{d}_m \sin\vartheta_m + \hat{d}_m^2)}{\hat{C}_k^{1/2}\hat{M}_n A_{mm}^p(\hat{d}_m - 1)}\,\varepsilon^{\nu} + 1 \tag{34 A}$$

mit

$$\nu = n - k + |n - m| + |m - k| + 2\big(|\delta(m,1) - \delta(n,1)| + |\delta(k,1) - \delta(m,1)|\big)$$

und

$$K_{vu} = \frac{2\hat{C}_v^{1/2}S_{vu}^{[1]}\bar{A}_u^f(1 - \hat{d}_u \sin\vartheta_u + \hat{d}_u)^{1/2}}{\hat{M}_v\bar{A}_u^p(\bar{\chi}_u^{[1]})^{1/2}\,(\hat{d}_u^2 - 1)}\,\varepsilon^{\nu-3} + 1\,. \tag{34 B}$$

Benutzen wir bei der Ableitung der Dynamikfaktoren statt B_m jetzt B_m^* gemäß (20), was für $d \gg d_m^{\mathrm{krit}}$ zulässig ist und einer Reduktion von (8) auf ein Differentialgleichungssystem mit konstanten Koeffizienten entspricht, so kommen wir zu den Dynamikfaktoren

$$K_{nmk}^* = \frac{c^{1/2}J^{1/2}\hat{C}_m\hat{C}_n^{1/2}\hat{M}_k S_{nm}^{(|n-m|)}S_{km}^{(|k-m|)}(H_{mm}^{(2\delta(m,1))})^{1/2}A_{mk}^f}{dr\hat{C}_k^{1/2}\hat{D}_m\hat{M}_n}\,\varepsilon^{\nu^*} + 1 \tag{35 A}$$

mit

$$\nu^* = \nu + \delta(m,1) - 1$$

und

$$K_{vu}^* = \frac{c^{1/2}J^{1/2}\hat{C}_u\hat{C}_v^{1/2}S_{vu}^{[1]}A_u^f(\bar{\chi}_u^{[1]})^2}{dr\big[\sum\limits_{w=1,2}(\hat{C}_w^{-1}\hat{D}_w(S_{wu}^{[1]})^2)\big]\hat{M}_v}\,\varepsilon^{\nu-3} + 1\,. \tag{35 B}$$

6. Schlußfolgerungen und Beispiele

Die Formeln aus Abschnitt 5 geben Aufschluß über das qualitative und quantitative Resonanzverhalten eines mehrstufigen Getriebes bei Zahnsteifeerregung für größere Übersetzungsverhältnisse. Sie zeigen das Zusammenspiel der Wirkung der veränderlichen Zahnsteifigkeit als Fremderregung (proportional zum angreifenden Moment) und als Parametererregung (auch am lastfreien Getriebe wirksam). Zwei Tatsachen fallen sofort ins Auge, die schwache Kopplung der ersten mit den anderen Stufen und die um ε kleineren Werte für d_1^{krit} und K_{111} gegenüber d_m^{krit} und K_{mmm} ($m > 1$) (bei K_{mmm} durch das Auftreten von $\hat{d}_m$). Damit sind die Resonanzen in den höheren Stufen größer als die in der ersten Stufe; ihre effektive Gefährlichkeit richtet sich aber natürlich nach der Lage der Arbeitsdrehzahlen. Aus (34 A) und (34 B) zusammen mit (31) geht hervor, daß für Schwingungen in einer Stufe die Zahnsteifeerregung (als Fremderregung) aus nachfolgenden Stufen durchaus von Bedeutung sein kann; im Fall B ist die Erregung aus der dritten Stufe (falls sie zu einer Resonanz führt) für die zweite Stufe im allgemeinen sogar gefährlicher als die Erregung aus der zweiten Stufe selbst. Die Erregungen aus den vorangehenden Stufen haben auf die nachfolgenden keinen solchen Einfluß. Eine wesentliche qualitative Bedeutung haben die Formeln für d_m^{krit} bzw. d_u^{krit}. Denn für den Fall $d^{\mathrm{krit}} \gg d$ gelten in guter Näherung (35 A, B) statt (34 A, B); dann kann aber nicht nur die Berechnung des Resonanzfalls, sondern auch die allgemeine Schwingungsberechnung einschließlich der Berücksichtigung der Erregungen durch Zahnfehler mittels Differentialgleichungen mit konstanten Koeffizienten erfolgen und damit wesentlich vereinfacht werden. In den Bildern 2 bis 4 sind numerische Auswertungen der in Abschnitt 5 gewonnenen Ergebnisse und entsprechende Vergleichsrechnungen für die drei Beispiele (1 bis 3) dargestellt.

Wenn wir mit

$$\check{J}_{n1} = \hat{J}_{n1}\hat{i}_{1,n-1}^{1/2}\,, \qquad \check{J}_{n2} = \hat{J}\hat{i}_{1,n-1}^{1/2}\hat{i}_n^{7/2}\,,$$
$$\check{C}_n = \hat{C}_n\hat{i}_{1,n-1}^{1/2}\,, \qquad \check{D}_n = \hat{D}_n\hat{i}_{1,n-1}^{1/2}\,, \qquad \check{r}_{n1} = \hat{r}_{n1}\,, \qquad \check{r}_{n2} = \hat{r}_{n2}\hat{i}_n\,.$$
$$\check{M}_n = \hat{M}_n\hat{i}_{1,n-1}\hat{r}_{n1}^{-1}$$

noch die auf die Übersetzungsverhältnisse der einzelnen Stufen (statt auf das mittlere Übersetzungsverhältnis i) bezogenen Größen einführen, so gilt für alle Beispiele

$$J = 0{,}02\,[\mathrm{kg\ m^2}]\,, \qquad c = 10^9\,[\mathrm{N/m}]\,, \qquad r = 0{,}05\,[\mathrm{m}]\,,$$
$$\check{J}_{n,1} = \check{J}_{n,2} = \check{C}_n = \check{D}_n = \check{r}_{n1} = \check{r}_{n2} = 1\,,$$

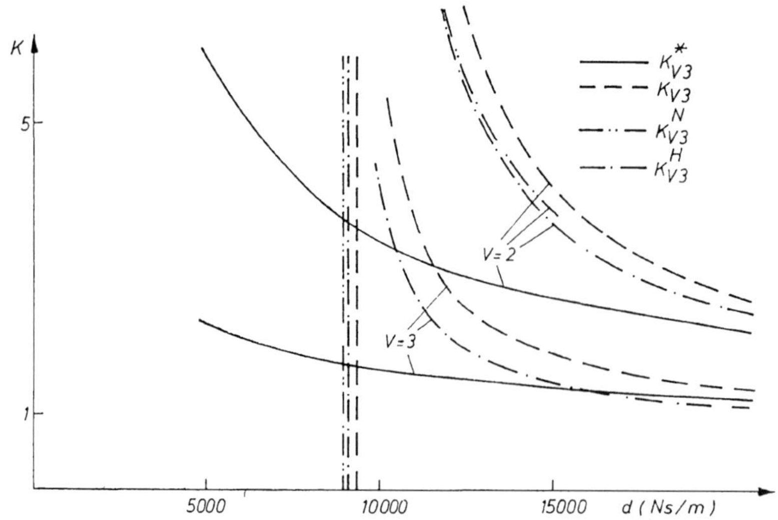

Bild 2. Beispiel 1

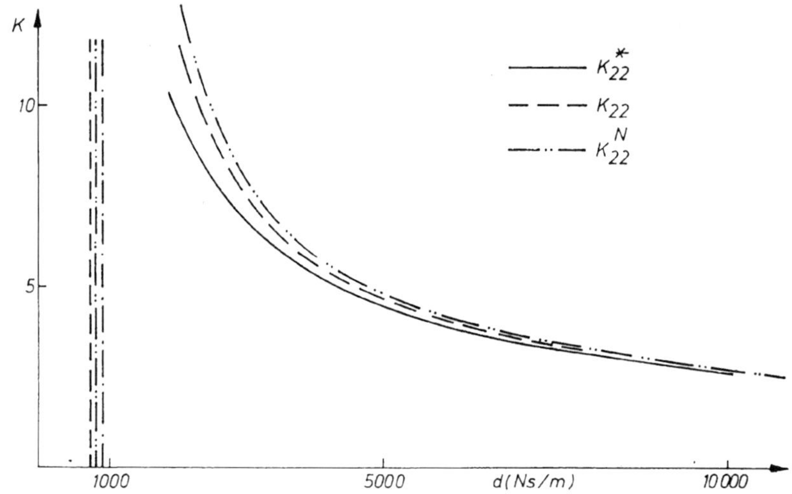

Bild 3. Beispiel 2

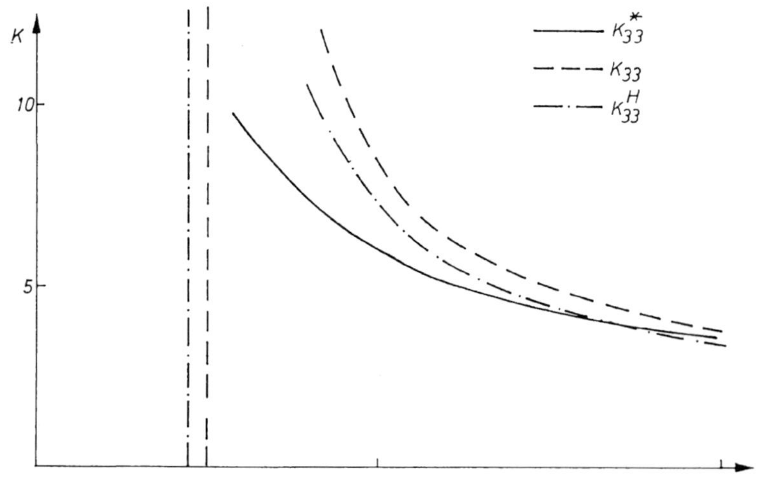

Bild 4. Beispiel 3

und speziell für Beispiel 1 $(i_1, i_2, i_3) = (3.5, 3.0, 2.333)$ und $(z_{11}, z_{12}, z_{21}, z_{22}, z_{31}, z_{32}) = (20, 70, 20, 60, 30, 70)$, für Beispiel 2 (3.0, 3.0, 3.0) und (20, 60, 20, 60, 20, 60) und für Beispiel 3 (3.0, 4.0, 2.0) und (20, 60, 20, 80, 30, 60). Für die Erregungen gilt für alle Beispiele $v_{k1}^c = 0.1$, $v_{k2}^c = 0.02$, $v_{k\varrho}^c = 0$ $(\varrho > 2)$, $v_{k\varrho}^s = 0$ $(\varrho \geqq 1)$. Die Bilder geben folgende Resonanzfälle wieder

Beispiel 1: $\Omega_1 = 1574.6$ rad/sec (K_{u2}, d_2^{krit} wesentlich; Parametererregung aus der zweiten und dritten Stufe, Fremderregung aus der dritten Stufe in Resonanz)

Beispiel 2: $\Omega_1 = 2768.0$ rad/sec (K_{u3}, d_3^{krit} wesentlich; Resonanzerregung aus der dritten Stufe)

Beispiel 3: $\Omega_1 = 636.4$ rad/sec (K_{n2}, d_2^{krit} wesentlich; Resonanzerregung aus der zweiten Stufe).

Die K und K^* haben die in Abschnitt 5 eingeführte Bedeutung, K^H bzw. K^N sind Dynamikfaktoren, die mittels numerischer Hauptachsentransformation und Anwendung des Integralgleichungsverfahrens bzw. numerisch mittels eines Randwertverfahrens berechnet wurden. Beide Methoden sind in einem Programmsystem zur automatisierten Schwingungsberechnung [5] implementiert. Die auf den verschiedenen Wegen gewonnenen Stabilitätsgrenzen und Dynamikfaktoren stimmen (bis auf den Dynamikfaktor der dritten Stufe in Beispiel 1) im Rahmen der praktisch erforderlichen Genauigkeit gut überein; insbesondere, wenn man daran denkt, daß mit dem Wert $i = 3$ für alle drei Beispiele $\varepsilon = 0.439$ noch ziemlich groß ist.

Das gilt für K^* natürlich nicht in der Nähe der Stabilitätsgrenze. In Bild 3 wurde K^N weggelassen, da es wenig von K^H verschieden ist. In Bild 4 fehlt K^N, da durch die große gemeinsame Periode der Zahnsteifefunktionen eine numerische Schwingungsberechnung sehr aufwendig ist.

Auffallend sind die sehr verschiedenen Stabilitätsgrenzen d^{krit}. In Beispiel 1 ist der sehr große Wert vor allen Dingen dadurch zu erklären, daß die erste Harmonische der zweiten Stufe als Parametererregung wirkt (in den anderen Fällen tritt als Parametererregung nur die zweite Harmonische eine Rolle, die auch in praktischen Fällen meist wesentlich kleiner ist). Der Unterschied zwischen Beispiel 2 und 3 rührt dagegen vom Unterschied in den angeregten Eigenfrequenzen und von der verschiedenen Kopplung der Stufen 2 und 3 in den Fällen A und B her.

Die mittels des Gleichungssystems mit konstanten Koeffizienten gewonnenen Dynamikfaktoren erweisen sich etwa für $d \gg 3d^{\text{krit}}$ als brauchbare Näherungen.

Literatur

1 SCHMIDT, G., Parametererregte Schwingungen, VEB Deutscher Verlag der Wissenschaften, Berlin 1975.
2 MARK, W., Analysis of the vibratory excitation of gear systems I, II, J. Acoust. Soc. Am. 63 (5), 1978 and **66** (6), 1979.
3 LANCASTER, P., Theory of Matrices, Academic Press, New York/London, 1969.
4 BAUMGÄRTEL, H., Endlichdimensionale analytische Störungstheorie, Akademie-Verlag, Berlin 1972.
5 SCHULZ, R., Ein Programmsystem zur automatisierten Schwingungsberechnung, Institut für Mechanik der Akademie der Wissenschaften der DDR, Berlin 1984 (unveröffentlichter Bericht).

Eingegangen am 13. Dezember 1984

Anschrift: Dr. R. SCHULZ, DDR-1055 Berlin, Rykestr. 32, DDR

BOOK REVIEWS

Schendel, U., Introduction to Numerical Methods for Parallel Computers. Chichester, Ellis Horwood Ltd. 1984. 151 S., £ 15.00. ISBN 0-85312-597-X (Mathematics and Its Applications)

Die Entwicklung numerischer Methoden gewinnt zunehmend an Bedeutung, nachdem seit einigen Jahren entsprechende Computer verfügbar sind. Das vorliegende Buch gibt eine ausgezeichnete Einführung in dieses Gebiet. Nach einer Klassifizierung der Parallelrechner wurden die Grundlagen der parallelen numerischen Analysis und die Prinzipien für die Konstruktion paralleler Algorithmen dargelegt. Sie werden insbesondere bei linearen und nichtlinearen Gleichungssystemen, bei Matrizeneigenwertproblemen und linearen Rekursionsformeln geführt. Für die einzelnen Problemstellungen werden verschiedene Algorithmen entwickelt und auf ihre Komplexität wird eingegangen. In einem Anhang sind interessante technische Parameter für verschiedene Parallelcomputer, wie CRAY, CYBER, DENELCOR HEP, ICL/DAP und Hitachi S9/IAP zusammengestellt. Außerdem wird über verschiedene Testrechnungen von unterschiedlichen Problemen auf einigen Parallelcomputern und seriellen Maschinen (IBM-3081D, AMDAHL-470/V6) berichtet. Einige Prozeduren für die nichtlineare Optimierung sind in einem weiteren Anhang gegeben.

Berlin F. Grund

Amit, D. J., Field Theory, the Renormalization Group, and Critical Phenomena. Revised Second Edition. Singapore, World Scientific 1984. Distributed by J. Wiley & Sons LTD. XV, 394 S., £ 25.30. ISBN 9971-966-10-7

Der Autor hat sich der schwierigen Aufgabe unterzogen, ein Buch über ein Gebiet zu schreiben, das im Zuständigkeitsbereich zweier Theorien, der Quantenfeldtheorie und der Theorie der Phasenübergänge, liegt. Das Unterfangen, die durch die Methode der Renormierungsgruppe bestehenden engen Verflechtungen zwischen beiden Theorien zu beleuchten, ist dem Autor ausgezeichnet gelungen. Während sowohl zur Renormierung in der Quantenfeldtheorie als auch zur Theorie der Phasenübergänge in kondensierter Materie eine umfangreiche Lehrbuch- und Spezialliteratur existiert, sind einheitliche, beide Gebiete umfassende Darstellungen rar. Das Buch von D. J. Amit schließt somit eine spürbare Lücke.

Die Darstellung ist didaktisch hervorragend aufgebaut. Nach Vermittlung einiger Grundlagen der Theorie der Phasenübergänge und des Green-Funktionenformalismus der Feldtheorie, wobei ausgiebig von der Funktionalintegralformulierung Gebrauch gemacht wird, wird der Leser in die Renormierungsproblematik eingeführt und die Renormierungsgruppe diskutiert. Die Ableitungen sind recht ausführlich gehalten, so daß das Buch etwa für Studenten besonders geeignet ist. Beim weiteren Ausbau der Theorie werden mit besonderer Aufmerksamkeit behandelt:

Die Berechnung der kritischen Exponenten und die Universalität, der Coleman-Weinberg-Mechanismus sowie Systeme nahe ihrer kritischen Dimension. Übungsaufgaben am Ende jedes Kapitels unterstützen das Verständnis des Stoffes.

Wie schon dem Titel zu entnehmen ist, werden in dem Buch Anwendungen der Renormierung im Hinblick auf die Beschreibung kritischer Erscheinungen an Phasenübergängen gebracht. Hochenergiephysikalische Aspekte wie Fermionen- und Eichfelder liegen außerhalb des vom Autor gesteckten Rahmens, so daß sein Buch ein Lehrbuch der Quantenfeldtheorie nicht ersetzen kann und will.

Jedoch ist es auch für einen Hochenergiephysiker ein großer Gewinn, mit D. J. Amit die andere Seite der Renormierungsproblematik zu sehen.

Berlin R. Schubert

Hackbusch, W. / Trottenberg, U. (eds.), Multigrid Methods. Proceedings, Köln-Porz, 1981. Berlin-Heidelberg-New York, Springer-Verlag 1982. VII, 652 S., DM 72,—. US $28.80. ISBN 3-540-11955-8 (Lecture Notes in Mathematics 960)

Der vorliegende Konferenzband enthält 21 Beiträge in englischer Sprache über die Grundlagen und ausgewählten Anwendungen der Multigrid-Methode und gibt damit einen ausgezeichneten Überblick über den gegenwärtigen Stand dieses aktuellen Gebietes der numerischen Mechanik. Im Teil I wird mit 3 ausführlichen Beiträgen eine systematische Einführung in die Multigrid-Methode gegeben. K. Stüben und U. Torttenberg beschreiben in ihrem Beitrag „Multigrid Methods: Fundamental Algorithms, Model Problem Analysis and Applications" die grundlegende Idee und die historische Entwicklung der Multigrid-Methode, die Methodik der Näherung und die grundlegenden Algorithmen, die theoretische Bewertung der Näherungen und einfache Anwendungen und geben mit ihrem Beitrag eine systematische Einführung in die Anwendung der Multigrid-Methode zur Lösung elliptischer Differentialgleichungen. W. Hackbusch behandelt auf 50 Seiten in einem Beitrag "Multigrid Convergence Theory" die Algorithmen der Two-Grid-, der Multigrid- und der genesteten Iteration, die grundlegenden Konvergenzbeweise, anisotrope Probleme und die nichtlineare Multigrid-Iteration. Der 3. einführende Beitrag von A. Brandt "Guide to Multigrid Development" gibt einen Überblick über die Entwicklung schneller Löser, über fortgeschrittene Lösungstechniken einschließlich linearer Verfeinerungen und Netzadaption.

Im Teil II sind spezielle Beiträge enthalten. Behandelt werden Anwendungen der Multigrid-Methode auf die Potentialgleichung, die Laplace-Gleichung und auf allgemeine elliptische Gleichungen, auf die Lösung einfacher Bifurcations-Probleme, ferner alternative Sparse-Matrix-Software, Multigrid-Software für die Lösung gekoppelter Probleme für Rechteckbereiche und adaptive Multigrid-Verfahren. Eine ausführliche Bibliografie der veröffentlichten wissenschaftlichen Beiträge des Fachgebietes schließt den Konferenzband ab. Alle auf diesem sich sehr schnell entwickelnden Gebiet arbeitenden Fachkollegen werden die Herausgabe des Konferenzbandes sehr begrüßen.

Magdeburg J. Altenbach

Ford, B. / Rault, J. C. / Thomasset, F. (eds.), Tools, Methods and Languages for Scientific and Engineering Computation. Proceesings, Paris 1983. Amsterdam-New York, North-Holland 1984. XVI, 458 S., US $ 61.50. Dfl. 160.00. ISBN 0-444-87570-0

Der Konferenzbericht enthält etwa 30 Arbeiten zu den oben genannten Themen. Bei der Entwicklung von mathematischer Software werden zunehmend Tools für die Kodierung, Testung, Dokumentation usw. benutzt. In mehreren Arbeiten wird ein Toolpack-Projekt, sein Ziel ist der adequate und effektive Gebrauch von Tools, besprochen und auf seine Struktur wird eingegangen. Bei der Testung von numerischen Algorithmen wird die Berechnung von mehrfachen Integralen und die Lösung von elliptischen Differentialgleichungen (Paket GEM2, geschrieben in ALGOL 68) besprochen. Beschrieben werden Sprachanforderungen für die numerische Programmierung, hauptsächlich bei Problemen der Nuklear-Technik. Es werden einige Sprachen für Parallelrechner, die für die Implementation eines Eigenwertalgorithmus verwendet wurden, und die Behandlung von Ausnahmezuständen (Über-, Unterläufe) bei wissenschaftlichen Rechnungen dargelegt. In mehreren Arbeiten wird auf FORTRAN und seine Entwicklung eingegangen. Sie betreffen die sehr interessante Entwicklung von FORTRAN 8X, Optimierungen in FORTRAN 77 und in einer umfangreichen Arbeit Arithmetik-Spezifikationen in FORTRAN 8X, die heutige Anforderungen von numerischen Rechnungen erfüllen. Weiter werden Sprachen für die wissenschaftliche Programmierung, wie der Preprozessor EFL für Fortran, die Transformation von ALGOL 68- in FORTRAN 77-Programme und die Sprache PLOUC besprochen. Schließlich wird über Tools für die Herstellung von wissenschaftlicher Software berichtet. Im einzelnen sind es Editoren, insbesondere der FORTRAN-Intelligent-Editor, Techniken für die automatische Integration und Probleme bei der Methode der finiten Elemente.

Berlin I. Grund

SHORT COMMUNICATIONS

ZAMM. Z. angew. Math. Mech. 65 (1985) 12, 633–635

KUBIK, J.; LIS, Z.

Schwingungsgleichungen nichtlinearer viskoelastischer Systeme

1. Einführung

Die Entwicklung neuer Berechnungsmethoden von Konstruktionen und die Notwendigkeit einer besseren Ausnutzung der Werkstoffseigenschaften haben dazu geführt, daß sich lineare Modelle für technische Berechnungen oft als unzureichend erweisen. Diese Behauptung gilt auch für die Schwingungsanalyse von Konstruktionen.

Im angegebenen Beitrag wird lediglich ein Problem aus diesem Gebiet berührt. Es werden nämlich die nichtlinearen Schwingungsgleichungen für Stabsysteme aufgestellt. In diesen Gleichungen berücksichtigt man die physikalische Nichtlinearität, die mit den viskoelastischen Werkstoffseigenschaften verbunden ist. Die Beschreibung der Werkstoffe mit dieser Art der Nichtlinearität stammt von KEMPNER [2] und RABOTNOV [4] und wurde von den Verfassern verwendet, um die rheologischen Eigenschaften der mit Glasfasern verstärkten Kunststoffe darzustellen.

Die Gleichungen der Statik für Stabsysteme mit dem Stoffgesetz von KEMPNER und RABOTNOV sind in [3] angegeben. Hier wird eine Erweiterung dieser Analyse auf dynamische Probleme dargestellt. Man betrachtet die Schwingungen von Systemen mit endlichem Freiheitsgrad. Dies bedeutet, daß ein Stabsystem mit unendlichem Freiheitsgrad durch die Diskretisierung in ein einfacheres (approximiertes) System mit endlichem Freiheitsgrad umgestaltet wird. Zur Vereinfachung werden nur Biegeschwingungen analysiert. Längs- und Torsionschwingungen können jedoch auf einfache Art ähnlich beschrieben werden. Eine weitere wichtige Einschränkung stellt die Voraussetzung der geometrischen Linearität des Problems dar. Daraus ergeben sich bestimmte Vorteile bei der Formulierung und Analyse der Eigenschaften von Schwingungsgleichungen.

2. Das Stoffgesetz

Es wird hier das von KEMPNER und RABOTNOV stammende Stoffgesetz verwendet. Im eindimensionalen Spannungszustand hat es die Form

$$E\varphi(\varepsilon(t)) = \sigma(t) + \int_0^t \sigma(\tau)\, k(t-\tau)\, d\tau\,, \tag{2.1}$$

wobei ε und σ entsprechend Verzerrung und Spannung bedeuten. $k(t)$ ist eine Kriechfunktion. Die Konstante E entspricht dem Elastizitätsmodul und die Funktion $\varphi(\varepsilon)$ beschreibt die nichtlinearen Eigenschaften des Werkstoffes. Im einfachsten Fall kann φ eine Exponentialfunktion sein, zum Beispiel $\varphi(\varepsilon) = \bar{A}\varepsilon^n$. Die Gleichung (2.1) hat dann die Form

$$A(\varepsilon(t))^n = \sigma(t) + \int_0^t \sigma(\tau)\, k(t-\tau)\, d\tau\,, \tag{2.2}$$

wobei $E\bar{A} = A$.

Einen Sonderfall von (2.2) stellt die Gleichung für den linear viskoelastischen Werkstoff (mit $n = 1$, $\bar{A} = 1$)

$$E\varepsilon(t) = \sigma(t) + \int_0^t \sigma(\tau)\, k(t-\tau)\, d\tau \tag{2.3}$$

oder (mit zusätzlich $k(t) = 0$) für den elastischen Werkstoff

$$\varepsilon(t) = \frac{1}{E}\,\sigma(t) \tag{2.4}$$

dar.

Als Sonderfall kann man auch die Gleichung für den nichtlinear elastischen Werkstoff ($k(t) = 0$)

$$\sigma(t) = E\varphi(\varepsilon(t)) \tag{2.5}$$

betrachten, die für die oben erwähnte Exponentialfunktion folgende Form annimmt

$$\sigma(t) = \bar{A}E(\varepsilon(t))^n = A(\varepsilon(t))^n\,. \tag{2.6}$$

Weiter werden die den Stoffgesetzen (2.2), (2.3), (2.4) und (2.5) entsprechenden Schwingungsgleichungen angegeben.

Die Gleichung (2.2) kann man auch in Kurzform unter Anwendung der δ-Distribution wie folgt schreiben

$$(\varepsilon(t))^n = \int_0^t \sigma(\tau)\, \frac{1}{A}\, [k(t-\tau) + \delta(t-\tau)]\, d\tau \equiv$$

$$\equiv \int_0^t \sigma(\tau)\, L(t-\tau)\, d\tau\,. \tag{2.7}$$

3. Das Mohrsche Integral

Fundamentale Bedeutung für die angegebenen Überlegungen hat das Mohrsche Integral, das in einer invarianten Form die Verzerrungen mit den Verschiebungen des Stabsystems verbindet. Diese Verbindung hat die Form

$$\delta_k = \int_s \varkappa M_1(X_k = 1)\, ds + \int_s \varepsilon N_1(X_k = 1)\, ds + \dots\,, \tag{3.1}$$

wobei $\varkappa$, ε, ... die Verzerrungen im Querschnitt mit der Koordinate s (s kann im allgemeinen krummlinig sein) und M_1, N_1, ... — die Funktionen der durch $X_k = 1$ hervorgerufenen Schnittkräfte ($X_k = 1$ wirkt im Punkt k in Richtung δ_k) sind.

Weil weitere Betrachtungen auf die Biegeschwingungen beschränkt werden, bleibt nur die Krümmung $\varkappa$ als Funktion der Belastung, der d'Alembertschen Trägheitskräfte usw. zu ermitteln.

4. Die Stabkrümmung

Der Zusammenhang zwischen der Krümmungsänderung des Stabes und den auf ihn wirkenden Kräften wird aus der Analyse des Spanungszustandes im Stabquerschnitt hergeleitet (Bild 1). Es werden die allgemein bekannten Annahmen der Festigkeitslehre für die Stäbe, wie z. B. die Annahme von Ebenbleiben der Querschnitte, getroffen. Die Beziehungen zwischen den Spannungen und Schnittkräften ergeben sich aus den Gleichgewichtsbedingungen

$$\int_F \sigma_{11}\, dF = 0\,, \qquad \int_F \sigma_{11} x_2\, dF = 0\,, \tag{4.1), (4.2}$$

$$\int_F \sigma_{11} x_3\, dF = M(t)\,. \tag{4.3}$$

Der geometrische Zusammenhang hat die Form

$$\varepsilon_{11}(t) = \varkappa(t)\, x_3\,. \tag{4.4}$$

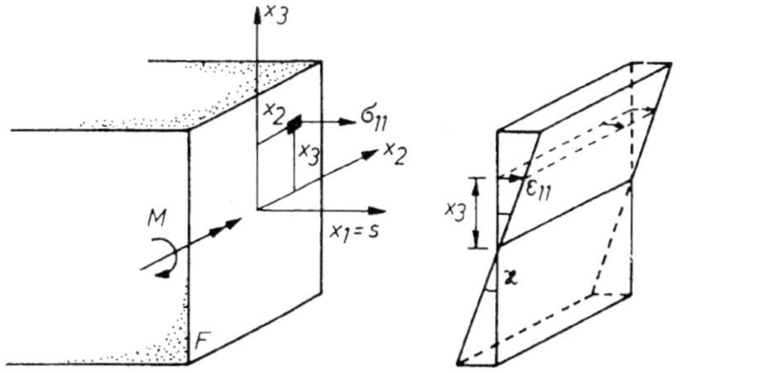

Bild 1. Spannungen und Verformungen im Stabquerschnitt

Das Stoffgesetz (2.7) kann man als Faltungsprodukt

$$(\varepsilon_{11})^n = \int_0^t \sigma_{11}(\tau)\, L(t-\tau)\, d\tau \equiv \sigma_{11}(t) * L(t-\tau) \tag{4.5}$$

ausdrücken. Aus den Gleichungen (4.5) und (4.4) erhält man

$$L^{-1}(t-\tau) * (\varkappa(t))^n\, x_3^n = \sigma_{11}(t)\,. \tag{4.6}$$

Setzt man (4.6) in (4.3) ein, so ergibt sich die Gleichung

$$M(t) = \int_F \sigma_{11}(t)\, x_3\, dF = \int_F L^{-1}(t-\tau) * (\varkappa(\tau))^n x_3^{n+1}\, dF =$$
$$= L^{-1}(t-\tau) * (\varkappa(t))^n \int_F x_3^{n+1}\, dF = L^{-1}(t-\tau) * (\varkappa(t))^n \times$$
$$\times I(n+1)\,, \tag{4.7}$$

wobei $I(n+1) = \int_F x_3^{n+1}\, dF$ ein Trägheitsmoment der $(n+1)$-Ordnung ist. Aus der Gleichung (4.7) erhält man schließlich die Stabkrümmung in der Form

$$\varkappa(t) = [I(n+1)]^{-1/n} \left[\int_0^t L(t-\tau)\, M(\tau)\, d\tau\right]^{1/n}. \tag{4.8}$$

Das Trägheitsmoment $I(n+1)$ beschreibt den Einfluß der geometrischen Eigenschaften des Stabquerschnitts auf die Krümmung. Die Momentenfunktion in (4.8) wird nach der Diskretisierung am Ersatzsystem näher bestimmt werden.

5. Diskretisierung des Systems

Das betrachtete Stabsystem bildet ein System mit unendlichem Freiheitsgrad, was die Berechnungen stark erschwert. Es wird deshalb vorausgesetzt, daß es möglich ist, ein äquivalentes Stabsystem mit endlichem Freiheitsgrad zu bilden (Bild 2).

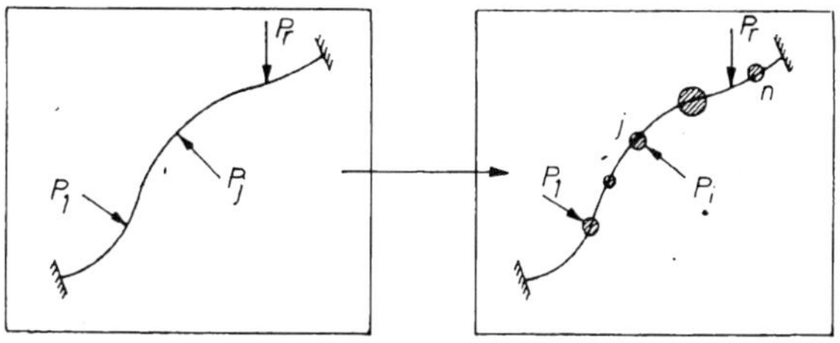

Bild 2. Diskretisierung des Systems (im rechten Bild am Punkt „P_i" lies „1")

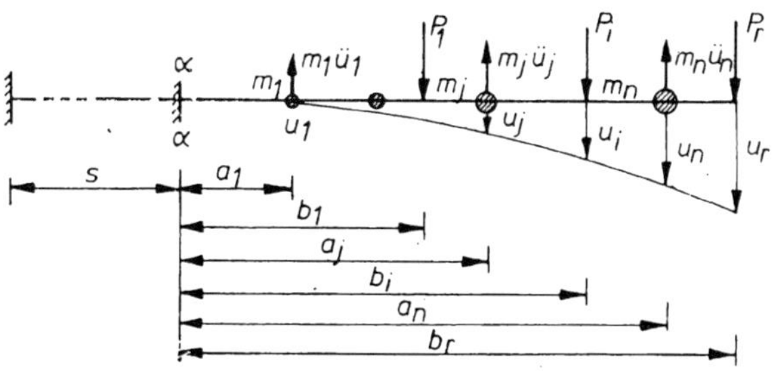

Bild 3. Kräftesystem für den geraden Stab

Die Diskretisierung sollte so durchgeführt werden, daß die dynamischen Eigenschaften der betrachteten und der diskreten Systeme möglichst gleich werden.

Es wird weiter die Funktion der Biegemomente im diskreten System betrachtet. Zur Vereinfachung wird ein gerader Stab genommen (Bild 3). Die Funktion der Biegemomente kann man in der Form

$$M(t,s) = [(-m_1\ddot{u}_1)\, a_1 + (-m_2\ddot{u}_2)\, a_2 + \dots + (-m_j\ddot{u}_j)\, a_j +$$
$$+ \dots + (-m_n\ddot{u}_n)\, a_n] + [P_1 b_1 + \dots + P_i b_i + \dots + P_r b_r] \tag{5.1}$$

darstellen. Führt man folgende Beziehungen

$$\left.\begin{aligned} \boldsymbol{a}^T &= [a_1, a_2, \dots, a_j, \dots, a_n]\,, & \boldsymbol{b}^T &= [b_1, b_2, \dots, b_i, \dots, b_r]\,,\\ \boldsymbol{u}^T &= [u_1, u_2, \dots, u_j, \dots, u_n]\,, & \boldsymbol{P}^T &= [P_1, P_2, \dots, P_i, \dots, P_r]\,,\\ \boldsymbol{M} &= \operatorname{diag}[m_1, m_2, \dots, m_j, \dots, m_n] \end{aligned}\right\} \tag{5.2}$$

in (5.1) ein, so ergibt sich

$$M(t,s) = \boldsymbol{a}^T(s)\,(-\boldsymbol{M}\ddot{\boldsymbol{u}}) + \boldsymbol{b}^T(s)\,\boldsymbol{P}\,, \tag{5.3}$$

wobei $\boldsymbol{a}$, $\boldsymbol{b}$ — Vektoren der verallgemeinerten Koordinaten, $\boldsymbol{u}$, $\boldsymbol{P}$ — (entsprechend) Vektoren der verallgemeinerten Verschiebungen und Kräfte, $\boldsymbol{M}$ — diagonale Massenmatrix sind.

Weiter werden die Beziehungen in der Form

$$\left.\begin{aligned} u_1 &= \int_s \varkappa M_1(1_1)\, ds\,,\\ &\vdots\\ u_n &= \int_s \varkappa M_1(1_n)\, ds \end{aligned}\right\} \tag{5.4}$$

oder kurz

$$\boldsymbol{u} = \int_s \varkappa \boldsymbol{a}\, ds \tag{5.5}$$

betrachtet, die sich direkt aus der Anwendung des Mohrschen Integrals (3.1) zur Analyse der Schwingungen des in Bild 4 dargestellten Systems ergeben.

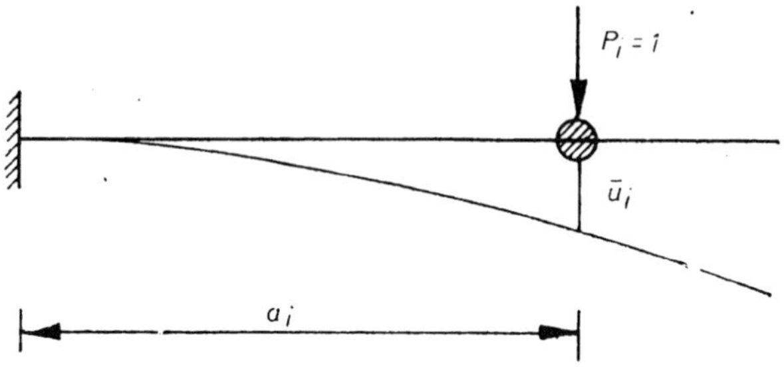

Bild 4. Belastung mit den 1_i Kräften

6. Schwingungsgleichungen des Systems

Zur Herleitung der Schwingungsgleichungen werden hier benutzt: der geometrische Zusammenhang im diskreten System (5.5), die Gleichung für die Krümmung (4.8) und die Gleichung für die Funktion des Biegemomentes (5.3).

Setzt man (5.3) in (4.8) und weiter in (5.5) ein, so ergeben sich nacheinander folgende Ausdrücke

$$\varkappa = [I(n+1)]^{-1/n} \left[\int_0^t L(t-\tau)\, \{\boldsymbol{a}^T(s)\,(-\boldsymbol{M}\ddot{\boldsymbol{u}}(\tau)) +\right.$$
$$\left. + \boldsymbol{b}^T(s)\, \boldsymbol{P}(\tau)\}\, d\tau\right]^{1/n}, \tag{6.1}$$

$$\boldsymbol{u} = \int_s [I(n+1)]^{-1/n} \left[\int_0^t L(t-\tau)\, \{\boldsymbol{a}^T(s)\,(-\boldsymbol{M}\ddot{\boldsymbol{u}}(\tau)) +\right.$$
$$\left. + \boldsymbol{b}^T(s)\, \boldsymbol{P}(\tau)\}\, d\tau\right]^{1/n} \boldsymbol{a}(s)\, ds\,. \tag{6.2}$$

Die gesuchte Gleichung (6.2) beschreibt die Schwingungen des aus dem viskoelastischen Werkstoff hergestellten Systems mit endlichem Freiheitsgrad. In dieser Gleichung bedeutet s die Koordinate des betrachteten Querschnitts $\alpha - \alpha$, in dem $M_{\alpha-\alpha} = M(t,s)$ ist. Die Integration erstreckt sich hier auf das ganze System und auf das Zeitintervall $[0, t)$. Verwendet man das Stoffgesetz in der Form (2.2), so ergibt sich die Gleichung (6.2) in folgender Gestalt

$$\boldsymbol{u} = \int_s [I(n+1)]^{-1/n} \left\langle \frac{1}{A}\, \{\boldsymbol{a}^T(s)\,(-\boldsymbol{M}\ddot{\boldsymbol{u}}(t)) + \boldsymbol{b}^T(s)\, \boldsymbol{P}(t)\} +\right.$$
$$\left. + \int_0^t \frac{1}{A} k(t-\tau)\, \{\boldsymbol{a}^T(s)\,(-\boldsymbol{M}\ddot{\boldsymbol{u}}(\tau)) + \boldsymbol{b}^T(s)\, \boldsymbol{P}(\tau)\}\, d\tau \right\rangle^{1/n} \boldsymbol{a}(s)\, ds\,. \tag{6.3}$$

Die Formeln (6.2) und (6.3) sind äquivalent.

Nimmt man in (6.2) oder in (6.3) $\boldsymbol{P} \equiv 0$ an, so ergeben sich die Gleichungen für die Eigenschwingungen des Systems.

7. Sonderfälle

Aus der Gleichung (6.2) lassen sich die Schwingungsgleichungen für die lineare und nichtlineare Elastizität sowie auch für die lineare Viskoelastizität herleiten.

A. Lineare Viskoelastizität

Nimmt man das Stoffgesetz in der Form ($n = 1$, $A = E$)

$$\varepsilon(t) = \frac{\sigma(t)}{E} + \frac{1}{E} \int_0^t k(t-\tau)\, \sigma(\tau)\, d\tau \tag{7.1}$$

oder

$$\varepsilon(t) = \int_0^t L(t - \tau)\, \sigma(\tau)\, d\tau \tag{7.2}$$

an, so ergeben sich entsprechend folgende Schwingungsgleichungen

$$u = \int_s \frac{1}{EI(2)} \left[\int_0^t L(t - \tau) \{ a^T(s) (-M\ddot{u}(\tau)) + b^T(s) P(\tau) \} d\tau \right] \times$$
$$\times\, a(s)\, ds \tag{7.3}$$

oder

$$u = \int_s \left\langle \frac{1}{EI(2)} [a^T(s) (-M\ddot{u}(t)) + b^T(s) P(t)] + \right.$$
$$\left. + \frac{1}{EI(2)} \left[\int_0^t k(t - \tau) \{ a^T(s) (-M\ddot{u}(\tau)) + b^T(s) P(\tau) \} d\tau \right] \right\rangle \times$$
$$\times\, a(s)\, ds\,, \tag{7.4}$$

wobei $I(2) = \int_F x_3^2\, dF$.

B. Nichtlineare Elastizität

Für das Stoffgesetz in der Form ($k(t) = 0$)

$$\sigma(t) = A(\varepsilon(t))^n \tag{7.5}$$

erhält man folgende Schwingungsgleichungen

$$u = \int_s [I(n + 1)]^{-1/n} \left\langle \frac{1}{A} \{ a^T(s) (-M\ddot{u}(t)) + b^T(s) P(t) \} \right\rangle^{1/n} \times$$
$$\times\, a(s)\, ds\,. \tag{7.6}$$

C. Lineare Elastizität

Das Stoffgesetz hat in diesem Fall die Form ($n = 1$, $A = E$, $k(t) = 0$)

$$\sigma(t) = E\varepsilon(t) \tag{7.7}$$

und die Schwingungen des Systems beschreiben folgende Gleichungen

$$u = \int_s \frac{1}{EI(2)} [a^T(s) (-M\ddot{u}(t)) + b^T(s) P(t)]\, a(s)\, ds\,. \tag{7.8}$$

Literatur

1 KAUDERER, H., Nichtlineare Mechanik, Springer Verlag, 1958.
2 KEMPNER, J., Creep bending and buckling of non-linear viscoelastic columns, P.I.B.A.L. Report 195, 1952.
3 KUBIK, J., Gleichungen der Statik nichtlinearer viskoelastischer Systeme (in Polnisch), XXIII Konf. K.I.L.iW. P.A.N., 1977.
4 RABOTNOV, J. N., Kriechen der Konstruktionselemente (in Russisch), Fizmatgiz, 1966.

Eingegangen am 23. April 1984

Anschriften: Doz. Dr.-Ing. KUBIK JAN, Institut für Hochbautechnik der TH in Opole, 45-951 Opole, Katowicka 48, Polen; Dr.-Ing. LIS ZDZISŁAW, Institut für Technologie und Baukonstruktionen der TU in Poznań, 60-965 Poznań, Piotrowo 5, Polen

ZAMM · Z. angew. Math. Mech. 65 (1985) 12, 635 – 637

RAMKISSOON, H.

Flow of a Micropolar Fluid Past a Newtonian Fluid Sphere

1. Introduction

The translational motion of a fluid sphere in a fluid medium is of practical interest as it occurs in some physical problems. The case where both fluids are Newtonian was first treated, independently, by RYBCZYNSKI [1] and HADAMARD [2]. However, there are cases where one or both of these immiscible fluids are non-Newtonian in nature. One such example is the motion of an air bubble in blood. Whereas the Navier-Stokes theory adequately describes the flow of air, the same cannot be said of blood. It has been experimentally verified that the suspended blood cells are responsible for the observed non-Newtonian nature of blood rheology through such mechanisms as erythrocyte aggregation (cell-protein interactions) and erythrocyte deformation (cell-cell and cell-plasma interactions).

The theory of micropolar fluids [3] is developed to account for the micromotions and deformations of suspensions in fluid flow and to describe the mechanical behaviour of microstructured fluids such as blood. With this model TURK et al. [4] studied blood flow and presented an encouraging comparison of the theoretical velocity and cell-rotational velocity profiles with the experimental data of BUGLIARELLO and SEVILLA [5]. In this work we investigate the translation of a Newtonian fluid sphere through an unbounded micropolar fluid medium. Exact solutions are obtained for the flow fields characterized by stream functions. Expressions are then derived for the drag on the sphere and its terminal velocity. Special well-known cases are deduced.

2. Statement and solution of the problem

For slow steady flow the equations of motion for micropolar fluids are given by

$$t_{ji,j} + f_i = 0\,, \qquad m_{ji,j} + \varepsilon_{ijk} t_{jk} + l_i = 0\,, \tag{2.1}$$

while the constitutive law takes the form

$$t_{ij} = (-p + \lambda u_{l,l})\, \delta_{ij} + \frac{1}{2} (2\mu + \varkappa) (u_{i,j} + u_{j,i}) + \varkappa \varepsilon_{ijl} (\omega_l - \nu_l)$$
$$m_{ij} = \alpha \nu_{l,l} + \beta \nu_{i,j} + \gamma \nu_{j,i}\,, \tag{2.2}$$

where t_{ij} are the components of the stress tensor, m_{ij} are the components of the couple stress, $\boldsymbol{u}$ is the velocity vector, $\boldsymbol{\nu}$ is the microrotation vector, $\boldsymbol{f}$ is the body force, $\boldsymbol{l}$ is the body couple, p is the pressure, $(\alpha, \beta, \gamma, \mu, \varkappa, \lambda)$ are material constants and

$$\omega_l = \frac{1}{2} (\nabla \times \boldsymbol{u})_l\,.$$

In the case of incompressible flow and in the absence of body forces and couples, the above equations (2.1) and (2.2) reduce to the following system of coupled vector field equations [3]:

$$-(\mu + \varkappa)\, \nabla \times \nabla \times \boldsymbol{u} + \varkappa \nabla \times \boldsymbol{\nu} - \nabla p = 0\,,$$
$$(\alpha + \beta + \gamma)\, \nabla \nabla \cdot \boldsymbol{\nu} - \gamma \nabla \times \nabla \times \boldsymbol{\nu} + \varkappa \nabla \times \boldsymbol{u} - 2\varkappa \boldsymbol{\nu} = 0\,,$$
$$\nabla \cdot \boldsymbol{u} = 0\,, \tag{2.3}$$

where from thermodynamic considerations

$$\varkappa \geqq 0\,, \qquad \gamma \geqq 0\,, \qquad \varkappa + 2\mu \geqq 0\,, \qquad \gamma \geqq |\beta|\,,$$
$$3\lambda + 2\mu + \varkappa \geqq 0\,, \qquad (3\alpha + \beta + \gamma) \geqq 0\,.$$

Note that as $\varkappa \to 0$, (2.3) reduces to the classical Navier-Stokes equations.

We shall assume slow steady flow of an incompressible micropolar fluid past a Newtonian fluid sphere of radius a held fixed in an otherwise uniform stream of speed U in the absense of body forces and couples. Our main problem is to determine the flow field. We refer the motion to a spherical co-ordinate system (r, θ, φ), taking $\theta = 0$ axis in the direction of the free-stream flow. In view of the axial symmetry

$$\boldsymbol{u} = (u_r, u_\theta, 0)\,, \qquad \boldsymbol{\nu} = (0, 0, \nu_\varphi)\,.$$

The axial symmetry and incompressibility of the flow permits the use of a stream function ψ. Accordingly, we write

$$u_r = -\frac{1}{r^2 \sin\theta}\frac{\partial\psi}{\partial\theta}, \qquad u_\theta = \frac{1}{r\sin\theta}\frac{\partial\psi}{\partial r}. \tag{2.4}$$

We have two distinct fluid motions. The internal motion of the Newtonian fluid whose viscosity will be denoted by μ_i and the external motion of the micropolar fluid whose coefficients will be denoted by $(\alpha_0, \beta_0, \gamma_0, \mu_0, \varkappa_0, \lambda_0)$. We shall use superscripts (i) and (0) to distinguish between these separate fluid motions occuring inside and outside of the fluid sphere.

Substituting (2.4) into (2.3) produces the following equations for ψ and ν_φ:

$$L^2(L-\sigma^2)\psi = 0, \qquad \nu_\varphi = \frac{1}{2r\sin\theta}\left[L\psi + \frac{\gamma(\mu+\varkappa)}{\varkappa^2}L^2\psi\right], \tag{2.5), (2.6}$$

where $\sigma^2 = \dfrac{\varkappa(2\mu+\varkappa)}{\gamma(\mu+\varkappa)}$ and L is the axisymmetrical potential operator defined by

$$L = \frac{\partial^2}{\partial r^2} + \frac{1}{r^2}\frac{\partial^2}{\partial\theta^2} - \frac{\cot\theta}{r^2}\frac{\partial}{\partial\theta}.$$

We now put $\psi = \psi_1 + \psi_2$ where ψ_1, ψ_2 satisfy the equations

$$L^2\psi_1 = 0, \qquad (L-\sigma^2)\psi_2 = 0. \tag{2.7), (2.8}$$

We see from (2.7) that ψ_1 is the well-known general solution of the classical case given by [6]

$$\psi_1 = \frac{\sin^2\theta}{2}\left\{\frac{A}{r} + Br + Cr^2 + Dr^4\right\},$$

while the solution of (2.8) can be shown to take the form

$$\psi_2 = \frac{\sin^2\theta}{2}\{Er^{1/2}I_{3/2}(\sigma r) + Fr^{1/2}K_{3/2}(\sigma r)\}$$

where $I_{3/2}$, $K_{3/2}$ are modified Bessel functions. Hence, in the case of micropolar fluids, the general stream function is given by

$$\psi = \frac{\sin^2\theta}{2}\left\{\frac{A}{r} + Br + Cr^2 + Dr^4 + Er^{1/2}I_{3/2}(\sigma r) + Fr^{1/2}K_{3/2}(\sigma r)\right\}. \tag{2.9}$$

Utilizing this in (2.6) gives the microrotation as

$$\nu_\varphi = \frac{\sin\theta}{2r}\left\{-\frac{B}{r} + 5Dr^2 + E\sigma^2\frac{(\mu+\varkappa)}{\varkappa}r^{1/2}I_{3/2}(\sigma r) + F\sigma^2\frac{(\mu+\varkappa)}{\varkappa}r^{1/2}K_{3/2}(\sigma r)\right\}, \tag{2.10}$$

while from (2.4) we obtain the velocity components as

$$u_r = -\cos\theta\left\{\frac{A}{r^3} + \frac{B}{r} + C + Dr^2 + Er^{-3/2}I_{3/2}(\sigma r) + Fr^{-3/2}K_{3/2}(\sigma r)\right\}, \tag{2.11}$$

$$u_\theta = \frac{\sin\theta}{2}\left\{-\frac{A}{r^3} + \frac{B}{r} + 2C + 4Dr^2 + E(\sigma r^{-1/2}I_{1/2}(\sigma r) - r^{-3/2}I_{3/2}(\sigma r)) - F(\sigma r^{-1/2}K_{1/2}(\sigma r) + r^{-3/2}K_{3/2}(\sigma r))\right\}. \tag{2.12}$$

Now let us consider the external micropolar flow field characterized by the stream function $\psi^{(e)}$. We known that

$$\psi^{(e)} \to \frac{1}{2}Ur^2\sin^2\theta \quad \text{as} \quad r\to\infty \tag{2.13}$$

and consequently from (2.9),

$$D = 0, \qquad E = 0, \qquad C = U.$$

Therefore,

$$\psi^{(e)} = \frac{\sin^2\theta}{2}\left\{\frac{A}{r} + Br + Ur^2 + Fr^{1/2}K_{3/2}(\sigma_0 r)\right\} \tag{2.14}$$

and (2.10)–(2.12) simplify to

$$\nu_\varphi^{(e)} = \frac{\sin\theta}{2r}\left\{-\frac{B}{r} + F\sigma^2\frac{(\mu+\varkappa)}{\varkappa}r^{1/2}K_{3/2}(\sigma_0 r)\right\}, \tag{2.15}$$

$$u_r^{(e)} = -\cos\theta\left\{\frac{A}{r^3} + \frac{B}{r} + U + Fr^{-3/2}K_{3/2}(\sigma_0 r)\right\}, \tag{2.16}$$

$$u_\theta^{(e)} = \frac{\sin\theta}{2}\left\{-\frac{A}{r^3} + \frac{B}{r} + 2U - F(\sigma_0 r^{-1/2}K_{1/2}(\sigma_0 r) + r^{-3/2}K_{3/2}(\sigma_0 r))\right\}, \tag{2.17}$$

where $\sigma_0^2 = \dfrac{\varkappa_0(2\mu_0+\varkappa_0)}{\gamma_0(\mu_0+\varkappa_0)}$.

Now let us examine the internal Newtonian flow field characterized by the stream function $\psi^{(i)}$. The general stream function for classical fluids $\psi^{(c)}$ is

$$\psi^{(c)} = \frac{\sin^2\theta}{2}\left\{\frac{A_1}{r} + B_1 r + C_1 r^2 + D_1 r^4\right\}$$

with the corresponding velocity components

$$u_r^{(c)} = -\cos\theta\left\{\frac{A_1}{r^3} + \frac{B_1}{r} + C_1 + D_1 r^2\right\},$$

$$u_\theta^{(c)} = \frac{\sin\theta}{2}\left\{-\frac{A_1}{r^3} + \frac{B_1}{r} + 2C_1 + 4D_1 r^2\right\}.$$

For internal flow these components must be finite at $r = 0$. Hence, $A_1 = 0$, $B_1 = 0$ and so $\psi^{(i)}$ must be of the form

$$\psi^{(i)} = \frac{\sin^2\theta}{2}\{C_1 r^2 + D_1 r^4\}, \tag{2.18}$$

with

$$u_r^{(i)} = -\cos\theta\{C_1 + D_1 r^2\}, \qquad u_\theta^{(i)} = \frac{\sin\theta}{2}\{2C_1 + 4D_1 r^2\}. \tag{2.19), (2.20}$$

In order to obtain the solution to our problem, we need to determine $\psi^{(i)}$ and $\psi^{(e)}$. Together, they contain five arbitrary constants A, B, F, C_1, and D_1 which must be evaluated from boundary conditions. The kinematical condition of mutual impenetrability at the surface requires that we take

$$u_r^{(e)} = 0 \quad \text{at} \quad r = a, \qquad u_r^{(i)} = 0 \quad \text{at} \quad r = a. \tag{2.21), (2.22}$$

We assume that the tangential velocity is continuous across the surface. Hence,

$$u_\theta^{(e)} = u_\theta^{(i)} \quad \text{at} \quad r = a. \tag{2.23}$$

Next, we utilize the no-spin condition on the microrotation [3]. That is

$$\nu_\varphi^{(e)} = 0 \quad \text{at} \quad r = a. \tag{2.24}$$

To arrive at the final condition, we assume as in the classical case [6], that the equilibrium theory of interfacial tension is applicable to our problem. This means that the presence of interfacial tension only produces a discontinuity in the normal stress t_{rr} and does not in any way affect the tangential stress $t_{r\theta}$. The latter is therefore continuous across the surface. Hence,

$$t_{r\theta}^{(e)} = t_{r\theta}^{(i)} \quad \text{at} \quad r = a.$$

With the aid of (2.2) and (2.4), this condition can be shown to be equivalent to

$$-(2\mu_0+\varkappa_0)\frac{\partial\psi^{(e)}}{\partial r} + a(\mu_0+\varkappa_0)\frac{\partial^2\psi^{(e)}}{\partial r^2} = -2\mu_i\frac{\partial\psi^{(i)}}{\partial r} + a\mu_i\frac{\partial^2\psi^{(i)}}{\partial r^2} \quad \text{at} \quad r = a. \tag{2.25}$$

Using (2.14)–(2.20), these five boundary conditions (2.21) to (2.25) lead to the following set of five simultaneous equations:

$$\begin{aligned}
&a^2C_1 + a^4D_1 = 0, \qquad A + a^2B + a^{3/2}K_{3/2}(\sigma_0 a)F = -a^3U,\\
&2a^3C_1 + 4a^5D_1 + A - a^2B + \{a^{5/2}\sigma_0K_{1/2}(\sigma_0 a) + a^{3/2}K_{3/2}(\sigma_0 a)\}F = 2a^3U,\\
&B - a^{3/2}\sigma_0^2\frac{(\mu_0+\varkappa_0)}{\varkappa_0}K_{3/2}(\sigma_0 a)F = 0,\\
&-2a^3\mu_iC_1 + 4a^5\mu_iD_1 - (4\mu_0+3\varkappa_0)A + a^2(2\mu_0+\varkappa_0)B - \{\sigma_0^2a^{7/2}(\mu_0+\varkappa_0)K_{3/2}(\sigma_0 a) + a^{3/2}(4\mu_0+3\varkappa_0)K_{3/2}(\sigma_0 a) + \sigma_0a^{5/2}(2\mu_0+\varkappa_0)K_{1/2}(\sigma_0 a)\}F = -2\mu_0a^3U.
\end{aligned} \tag{2.26}$$

Solving the above system yields

$$A = -\frac{3a^{9/2}U}{\tau}(3\mu_i + 2\mu_0 - \varkappa_0)\left\{1 + a^2\sigma_0^2\frac{(\mu_0 + \varkappa_0)}{\varkappa_0}\right\} \times$$
$$\times K_{3/2}(\sigma_0 a) - a^3 U\,,$$

$$B = \frac{3a^{9/2}U}{\tau\varkappa_0}(3\mu_i + 2\mu_0 + \varkappa_0)\sigma_0^2(\mu_0 + \varkappa_0)\,K_{3/2}(\sigma_0 a)\,,$$

$$F = \frac{3a^3 U}{\tau}(3\mu_i + 2\mu_0 + \varkappa_0)\,, \tag{2.27}$$

$$C_1 = \frac{3Ua^{5/2}}{2\tau}(3\mu_i + 2\mu_0 + \varkappa_0)\left\{\sigma_0 K_{1/2}(\sigma_0 a) -\right.$$
$$\left.- 2a\sigma_0^2\frac{(\mu_0 + \varkappa_0)}{\varkappa_0}K_{3/2}(\sigma_0 a)\right\} - \frac{3U}{2}\,,$$

$$D_1 = \frac{3U}{2a^2} - \frac{3Ua^{1/2}}{2\tau}(3\mu_i + 2\mu_0 + \varkappa_0)\left\{\sigma_0 K_{1/2}(\sigma_0 a) -\right.$$
$$\left.- 2a\sigma_0^2\frac{(\mu_0 + \varkappa_0)}{\varkappa_0}K_{3/2}(\sigma_0 a)\right\}\,,$$

where

$$\tau = a^{5/2}\sigma_0(3\mu_i + 2\mu_0 + \varkappa_0)\,K_{1/2}(\sigma_0 a) - 3a^{7/2}\sigma_0^2\frac{(\mu_0 + \varkappa_0)}{\varkappa_0} \times$$
$$\times (2\mu_i + 2\mu_0 + \varkappa_0)\,K_{3/2}(\sigma_0 a).$$

We have thus obtained the stream functions $\psi^{(e)}$ and $\psi^{(i)}$ for the external and internal flows respectively. The flow field within the Newtonian fluid sphere and the flow field of the micropolar fluid outside this sphere are therefore now completely determined. In this translational motion problem, the drag experienced by the sphere is of considerable interest and we now proceed to obtain an expression for this drag.

3. The drag force

The drag D experienced by the fluid sphere can be evaluated in the usual way by integrating the stresses on the surface of the sphere. However, we shall appeal to a simple formula derived by RAMKISSOON and MAJUMDAR [7]. From this formula, the drag is given by

$$D = 4\pi(2\mu_0 + \varkappa_0)\lim_{r\to\infty}\frac{r(\psi^{(e)} - \psi_\infty)}{R^2} \tag{3.1}$$

where ψ_∞ is the stream function corresponding to the fluid motion at infinity and R is the cylindrical radial co-ordinate. That is,

$$\psi_\infty = \frac{1}{2}Ur^2\sin^2\theta\,, \qquad R = r\sin\theta\,.$$

Substituting the above and (2.14) into (3.1) gives

$$D = 2\pi(2\mu_0 + \varkappa_0)\,B\,. \tag{3.2}$$

Using the value of B from (2.27) into this expression (3.2), we get

$$D = \frac{6\pi aU(2\mu_0 + \varkappa_0)(\mu_0 + \varkappa_0)(3\mu_i + 2\mu_0 + \varkappa_0)(a\sigma_0 + 1)}{\varkappa_0(3\mu_i + 2\mu_0 + \varkappa_0) - 3(\mu_0 + \varkappa_0)(2\mu_i + 2\mu_0 + \varkappa_0)(a\sigma_0 + 1)} \tag{3.3}$$

where we have used the identities

$$a^{1/2}K_{1/2}(\sigma_0 a) = \sqrt{\frac{\pi}{2\sigma_0}}\,e^{-\sigma_0 a} \quad\text{and}\quad a^{1/2}K_{3/2}(\sigma_0 a) =$$
$$= \sqrt{\frac{\pi}{2\sigma_0^3}}\left(\sigma_0 + \frac{1}{a}\right)e^{-\sigma_0 a}\,.$$

The expression (3.3) therefore gives the drag experienced by a Newtonian fluid sphere where a micropolar fluid streams past it. The following three special cases can be deduced immediately:

(a) *Both fluids are Newtonian.* To obtain the drag in this case we let $\varkappa_0 \to 0$ in (3.3) getting

$$D = -6\pi a\mu_0 U\frac{1 + \frac{2}{3}\eta}{1 + \eta}$$

which is the well-known classical result [6]. Here $\eta = \frac{\mu_0}{\mu_i}$.

(b) *Solid Sphere.* In this case $\eta = 0$ and (3.3) reduces to

$$D = -\frac{6\pi aU(2\mu_0 + \varkappa_0)(\mu_0 + \varkappa_0)(a\sigma_0 + 1)}{\varkappa_0 + 2\mu_0 + 2a\mu_0\sigma_0 + 2a\varkappa_0\sigma_0}$$

which was previously obtained [7].

(c) *Fluid sphere of vanishing viscosity.* In this case $\mu_i = 0$ and (3.3) reduces to

$$D = -\frac{6\pi aU(2\mu_0 + \varkappa_0)(\mu_0 + \varkappa_0)(a\sigma_0 + 1)}{3\mu_0 + 2\varkappa_0 + 3a\sigma_0(\mu_0 + \varkappa_0)}\,. \tag{3.4}$$

This, for example, would represent an approximation for the drag of a gaseous bubble rising slowly through a micropolar fluid. Further, if we let $\varkappa_0 \to 0$ in (3.4), we recover the classical result [6]

$$D = -4\pi a\mu_0 U\,.$$

We can now obtain the terminal settling velocity of a Newtonian fluid sphere falling under gravity in a micropolar fluid. If this sphere moves with constant speed U along the $\theta =$ axis in a micropolar fluid otherwise at rest, then from (3.3) the drag is given by

$$D = -6\pi aUM$$

where

$$M = \frac{(2\mu_0 + \varkappa_0)(\mu_0 + \varkappa_0)(3\mu_i + 2\mu_0 + \varkappa_0)(a\sigma_0 + 1)}{\varkappa_0(3\mu_i + 2\mu_0 + \varkappa_0) - 3(\mu_0 + \varkappa_0)(2\mu_i + 2\mu_0 + \varkappa_0)(a\sigma_0 + 1)}\,.$$

In the special case of this fluid sphere of density ϱ_i falling vertically through a micropolar fluid of density ϱ_e, the drag produces a terminal velocity. When this is attained, we have

$$\frac{4}{3}\pi a^3\varrho_i g = \frac{4}{3}\pi a^3\varrho_e g - 6\pi aUM$$

and so the terminal vecloity is

$$U = \frac{2}{9M}(\varrho_e - \varrho_i)\,a^2 g\,.$$

References

1 RYBCZYNSKI, W., Bull. Acad. Sci. Cracovie (ser. A), **40** (1911).
2 HADAMARD, J. S., Compt. Rend. Acad. Sci. **152**, 1735 (1911).
3 ERINGEN, A. C., J. Math. Mech. **16**, 1 (1966).
4 TURK, M. A., SYLVESTER, N. D.; ARIMAN, T., Trans. Soc. Rheol. **17**, 1 (1973).
5 BUGLIARELLO, G.; SEVILLA, J., Biorheology **7**, 85 (1970).
6 BRENNER, H.; HAPPEL, J., Low Reynolds Number Hydrodynamics, Prentice-Hall Inc. London (1965).
7 RAMKISSOON, H.; MAJUMDAR, S. R., Phys. Fluids **19**, 16 (1976).

Received October 1, 1984

Address: Dr. H. RAMKISSOON, Department of Mathematics, University of the West Indies, St. Augustine, TRINIDAD, W. I.

ZAMM · Z. angew. Math. Mech. 65 (1985) 12, 638 – 641

ALTENBACH, H.

Zur Theorie der inhomogenen Cosserat-Platten

0. Einleitung

Bei der Formulierung analytischer Modelle zur Beschreibung von Platten und Schalen sind aus der Literatur drei Vorgehensweisen zu erkennen [1]. In der hier vorgestellten Arbeit wird die direkte Methode zur Formulierung der Grundgleichungen einer linearen Theorie für inhomogene, glatte Platten konstanter Dicke angewendet, wobei sich die Materialeigenschaften über den Plattenquerschnitt ändern dürfen. Eine weitere Einschränkung bezüglich der Materialeigenschaften soll die Beschränkung auf die Betrachtung nichtpolaren Materials sein, d. h. Materials, für das der Cauchysche Spannungstensor symmetrisch ist. Für die äußeren Belastungen sollen keine Einschränkungen gelten, so daß im allgemeinsten Fall Platten- und Scheibenwirkung gekoppelt auftreten können. Die hier angeführten Gleichungen stellen einen Sonderfall der von P. A. SHILIN entwickelten Schalentheorie dar [2]—[4].

Als Modell der Platte wird ein zweidimensionales, deformierbares Kontinuum eingeführt, wobei die Wechselwirkungen zwischen den einzelnen Punkten des Kontinuums nur durch Kräfte und Momente beschrieben werden. Die hier betrachteten Gleichungen berücksichtigen Querschubdeformationen und Drehträgheit und kennzeichnen den thermomechanischen Zustand der Platte. Um die Ausführungen nicht zu unübersichtlich zu machen, werden in dieser Arbeit nur geometrisch lineare Gleichungen betrachtet.

Hauptproblem bei jeder Plattentheorie ist die richtige Bestimmung der konstitutiven Beziehungen. Hier werden Platten aus Materialien betrachtet, die folgenden 2 Grundmodellen entsprechen: elastisch und viskos. Abschließend werden in Anlehnung an die in der Kontinuumsmechanik gebräuchliche Methode der rheologischen Modelle [5] die konstitutiven Gleichungen für die Platte aus Kelvin-Voigt-Material abgeleitet.

1. Grundgleichungen einer geometrisch linearen Theorie für thermomechanisch beanspruchte Cosserat-Platten

1.1. Die dynamischen Grundgleichungen für die Cosserat-Platte

Entsprechend [2]—[4], [6] werden folgende Größen eingeführt: x_α, $\alpha = 1, 2$, Hauptkoordinaten des zweidimensionalen Modellkontinuums (Cosserat-Platte);

$\boldsymbol{r}(x_\alpha)$ Radiusvektor;
$\boldsymbol{r}_\alpha = \partial_\alpha \boldsymbol{r} = \partial \boldsymbol{r}/\partial x_\alpha$, $\boldsymbol{n}(x_\alpha)$ Vektorbasis auf der Ebenen $(\boldsymbol{n} \cdot \boldsymbol{n} = 1, \boldsymbol{n} \cdot \boldsymbol{r}_\alpha = 0)$;
$\nabla = \boldsymbol{r}_\alpha \partial_\alpha$ zweidimensionaler Nablaoperator;
$\boldsymbol{a} = \nabla \boldsymbol{r}$, $\boldsymbol{c} = -\boldsymbol{a} \times \boldsymbol{n}$ erster metrischer und Diskriminantentensor;
$\varrho(x_\alpha) = \langle \varrho_* \rangle$ Dichtefunktion des Modellkontinuums;
$\varrho \boldsymbol{\Theta}_1 = -\langle \varrho_* z \rangle \boldsymbol{c}$, $\varrho \boldsymbol{\Theta}_2 = \langle \varrho_* z^2 \rangle \boldsymbol{a}$ Trägheitstensoren;
ϱ_* Dichtefunktion des dreidimensionalen Kontinuums;
$\langle \boldsymbol{f} \rangle = \int_{-h/2}^{h/2} \boldsymbol{f} \, \mathrm{d}z$ Integral über die Plattendicke h;
$\boldsymbol{u}$ Verschiebungsvektor (3 Komponenten) und
$\boldsymbol{\Phi}$ Verdrehungsvektor (2 Komponenten).

Verdrehungen um die Normale $\boldsymbol{n}$ bleiben unberücksichtigt, womit die vorgestellte Theorie den nichtklassischen bzw. Timošenko-Reissner-Mindlin-Theorien zugeordnet werden kann [7].

Wenn folgende, den Cauchyschen Gleichungen in der Elastizitätstheorie [8] analogen Gleichungen zur Bestimmung der Randkräfte und -momente gültig sind

$$\boldsymbol{T}_{(\nu)} = \boldsymbol{\nu} \cdot \boldsymbol{T}, \qquad \boldsymbol{M}_{(\nu)} = \boldsymbol{\nu} \cdot \boldsymbol{M}, \tag{1.1}$$

wobei $\boldsymbol{\nu}$ die Normale zum Rand ist $(\boldsymbol{\nu} \cdot \boldsymbol{n} = 0)$, und die Belastungen als Flächenkräfte $\boldsymbol{q}$ (3 Komponenten) und -momente $\boldsymbol{m}$ (2 Komponenten) auftreten, so erhält man aus den integralen Formulierungen für den Impuls- und den Drehimpulserhaltungssatz folgende differentiellen dynamischen Grundgleichungen

$$\nabla \cdot \boldsymbol{T} + \boldsymbol{q} = \varrho(\ddot{\boldsymbol{u}} + \underset{1}{\boldsymbol{\Theta}^{\mathsf{T}}} \cdot \ddot{\boldsymbol{\Phi}}), \quad \nabla \cdot \boldsymbol{M} + \boldsymbol{T}_* + \boldsymbol{m} = \varrho(\boldsymbol{\Theta}_1 \cdot \ddot{\boldsymbol{u}} + \boldsymbol{\Theta}_2 \cdot \ddot{\boldsymbol{\Phi}}). \tag{1.2), (1.3}$$

Dabei ist „T" das Zeichen für „transponiert", $\dot{\boldsymbol{f}} = \mathrm{d}\boldsymbol{f}/\mathrm{d}t$ und $\boldsymbol{T}_* = \boldsymbol{a} \cdot \times \boldsymbol{T}$ (Skalarprodukt über die inneren Indizes, Vektorprodukt über die äußeren).

Für nichtpolare Materialien ist der Cauchysche Spannungstensor symmetrisch $(\boldsymbol{\tau} = \boldsymbol{\tau}^{\mathsf{T}})$ [8]. Der Zusammenhang zwischen Kräftetensor $\boldsymbol{T}$ und Momententensor $\boldsymbol{M}$ mit dem Spannungstensor $\boldsymbol{\tau}$ kann wie folgt gegeben werden

$$\boldsymbol{T} = \langle \boldsymbol{a} \cdot \boldsymbol{\tau} \rangle, \qquad \boldsymbol{M} = \langle \boldsymbol{a} \cdot \boldsymbol{\tau} z \cdot \boldsymbol{c} \rangle. \tag{1.4}$$

Folglich reduziert sich aufgrund der Symmetrie von $\boldsymbol{\tau}$ die Komponentenanzahl für $\boldsymbol{T}$ auf 5 und für $\boldsymbol{M}$ auf 3.

1.2. Thermodynamik der Cosserat-Platte

Der erste Hauptsatz der Thermodynamik (Energiebilanz) stellt den Zusammenhang zwischen der Energieänderung des Systems (innere und kinetische Energie) und der Leistung der äußeren Kräfte und Momente sowie der Erwärmungsgeschwindigkeit dar [9]. Folglich gilt für die hier betrachtete Cosserat-Platte [4]

$$\varrho \dot{U} = \hat{\boldsymbol{T}} \cdot\cdot \dot{\boldsymbol{\varepsilon}} + \boldsymbol{T}_n \cdot \dot{\boldsymbol{\gamma}} + \boldsymbol{M}^{\mathsf{T}} \cdot\cdot \dot{\boldsymbol{\varkappa}} + \varrho g - \nabla \cdot \boldsymbol{h}. \tag{1.5}$$

Dabei bedeuten

U Dichte der inneren Energie;
$\hat{\boldsymbol{T}} = \boldsymbol{T} \cdot \boldsymbol{a}$ Tensor der in der Plattenebenen wirkenden Kräfte;
$\boldsymbol{T}_n = \boldsymbol{T} \cdot \boldsymbol{n}$ Vektor der Querkräfte;
$\boldsymbol{\varepsilon} = \frac{1}{2} [\nabla \boldsymbol{u} \cdot \boldsymbol{a} + \boldsymbol{a} \cdot (\nabla \boldsymbol{u})^{\mathsf{T}}]$ Dehnungen und Schubverformungen in der Plattenebene;
$\boldsymbol{\gamma} = (\nabla \boldsymbol{u} + \boldsymbol{a} \times \boldsymbol{\varphi}) \cdot \boldsymbol{n}$ Querschubdeformationen;
$\boldsymbol{\varkappa} = \nabla \boldsymbol{\varphi}$ Biege- und Drillverformungen;
g eingeprägte skalare Wärmequelle;
$\boldsymbol{h}$ Wärmestromvektor.

Der zweite Hauptsatz der Thermodynamik (Entropiebilanz) soll hier in der Form der Clausius-Duhemschen Ungleichung [5] betrachtet werden. Im Gegensatz zur dreidimensionalen Kontinuumsmechanik gibt es jedoch für die Cosserat-Platte keine „echten" inneren Punkte. Jeder Punkt, der zur Ebenen gehört, jedoch nicht zum Rand, hat an der oberen Seite Kontakt mit der Umgebung, die die Temperatur t_+ besitzt, und auf der unteren Seite Kontakt mit der Umgebung, die die Temperatur t_- hat.

Damit erhält man hier im Rahmen der Theorie von SHILIN [4] zwei Ungleichungen (auch dissipative Ungleichungen genannt)

$$-\varrho(\dot{F}_1 + S_1 \dot{t}_1) + \hat{\boldsymbol{T}}_1 \cdot\cdot \dot{\boldsymbol{\varepsilon}} + \boldsymbol{T}_{n1} \cdot \dot{\boldsymbol{\gamma}} + \underset{1}{\boldsymbol{M}^{\mathsf{T}}} \cdot\cdot \dot{\boldsymbol{\varkappa}} + \varrho g_1 \underset{+}{t}^{-1}(t_+ - t_-) + \varrho Q_1 \underset{2}{t}^{-1}(t_2 - t_1) - \underset{1}{t}^{-1}(\nabla t_1) \cdot \boldsymbol{h}_1 \geqq 0, \quad (\rightleftarrows). \tag{1.6}$$

Hierin bedeuten

S_1, S_2 innere Entropiedichte, entsprechend für die obere und die untere Seite des Modellkontinuums;

$g = g_{01} + g_{02} + g_1 + g_2$;

g_{01}, g_{02} Erwärmungsgeschwindigkeit innerhalb des Modellkontinuums, wobei g_{01} bei t_1 und g_{02} bei t_2 auftreten;
g_1, g_2 Geschwindigkeiten der Wärmezufuhr von der Umgebung mit der Temperatur t_+ und t_-;
$Q_1 = -Q_2 = Q$ Geschwindigkeit der „Austauschwärme", d. h. der Wärme, die von der oberen Seite nach unten und umgekehrt übertragen wird;
$F_\alpha = U_\alpha - S_\alpha t_\alpha$ freie (Helmholtzsche) Energie;
$(\rightleftarrows)$ Austausch folgender Indizes $1 \rightleftarrows 2$, $2 \rightleftarrows 1$, $+ \rightleftarrows -$.

Analog zu der Zerlegung der Entropiedichte $S = S_1 + S_2$ gilt

$$U = U_1 + U_2, \qquad \hat{\boldsymbol{T}} = \hat{\boldsymbol{T}}_1 + \hat{\boldsymbol{T}}_2, \qquad \boldsymbol{T}_n = \boldsymbol{T}_{1n} + \boldsymbol{T}_{2n}, \qquad \boldsymbol{M} = \boldsymbol{M}_1 + \boldsymbol{M}_2. \tag{1.7}$$

Die von SHILIN erstmals eingeführte Form der dissipativen Ungleichungen (1.6) unterscheidet sich wesentlich von den analogen Beziehungen anderer direkt formulierter Theorien [10], [11].

Bei der Betrachtung thermodynamischer Prozesse ist es oft günstig, die sogenannte spezifische dissipative Funktion Φ einzuführen [8]. Hier müßten zwei Funktionen betrachtet werden: $\Phi = \Phi_1 + \Phi_2$, wobei

$$\Phi_\alpha = \hat{\boldsymbol{T}}_\alpha \cdot\cdot \dot{\boldsymbol{\varepsilon}} + \boldsymbol{T}_{n\alpha} \cdot \dot{\boldsymbol{\gamma}} + \underset{\alpha}{\boldsymbol{M}^{\mathsf{T}}} \cdot\cdot \dot{\boldsymbol{\varkappa}} - \varrho(\dot{F}_\alpha + S_\alpha \dot{t}_\alpha) \tag{1.8}$$

ist. Für $\Phi = 0$ tritt keine Energiedissipation auf.

1.3. Thermoelastische inhomogene Cosserat-Platten

Für den Fall, daß ($\beta = 1, 2$)

$$F_\alpha = F_\alpha(\varepsilon, \gamma, \varkappa, t_\beta, \nabla t_\beta), \qquad \boldsymbol{h}_\alpha = \boldsymbol{h}_\alpha(\varepsilon, \gamma, \varkappa, t_\beta, \nabla t_\beta),$$
$$g_\alpha = g_\alpha(\varepsilon, \gamma, \varkappa, t_\beta, \nabla t_\beta), \qquad Q_\alpha = Q_\alpha(\varepsilon, \gamma, \varkappa, t_\beta, \nabla t_\beta) \tag{1.9}$$

gilt, spricht man von Cosserat-Platten aus thermoelastischen Materialien [4], [9]. Unter Beachtung der Beziehung

$$\dot F_\alpha = (\partial F_\alpha/\partial \varepsilon)^{\mathrm T} \cdot\cdot\, \dot\varepsilon + (\partial F_\alpha/\partial \gamma)\cdot \dot\gamma + (\partial F_\alpha/\partial \varkappa)^{\mathrm T} \cdot\cdot\, \dot\varkappa + (\partial F_\alpha/\partial t_\beta)\dot t_\beta + (\partial F_\alpha/\partial \nabla t_\beta)\cdot(\nabla t_\beta)^{\cdot}, \tag{1.10}$$

erhält man aus (1.6)

$$\begin{aligned}&[-\varrho(\partial F_1/\partial\varepsilon) + \hat{\boldsymbol T}_1]\cdot\cdot\,\dot\varepsilon + [-\varrho(\partial F_1/\partial\gamma) + \boldsymbol T_{n1}]\cdot\dot\gamma + \\ &+ [-\varrho(\partial F_1/\partial\varkappa) + \boldsymbol M_1]^{\mathrm T}\cdot\cdot\,\dot\varkappa + [-\varrho(\partial F_1/\partial t_1) - S_1]\,\dot t_1 + \\ &+ [-\varrho(\partial F_1/\partial\nabla t_1)]\cdot(\nabla t_1)^{\cdot} + [-\varrho(\partial F_1/\partial t_2)]\,\dot t_2 + \\ &+ [-\varrho(\partial F_1/\partial\nabla t_2)]\cdot(\nabla t_2)^{\cdot} + \varrho g_1 t_+^{-1}(t_+ - t_-) + \\ &+ \varrho Q_1 t_2^{-1}(t_2 - t_1) - t_1^{-1}(\nabla t_1)\cdot\boldsymbol h_1 \geqq 0, \quad (\rightleftarrows).\end{aligned} \tag{1.11}$$

Hierbei wurde berücksichtigt, daß die Ableitung einer skalaren Funktion nach einem symmetrischen Tensor einen symmetrischen Tensor ergibt [8]. Die Ungleichungen (1.11) gelten für beliebige $\dot\varepsilon$, $\dot\gamma$, $\dot\varkappa$, $\dot t_\alpha$, $(\nabla t_\alpha)^{\cdot}$. Diese Argumente gehen in (1.11) linear ein, folglich müssen die Koeffizienten bei ihnen verschwinden, und das freie Glied muß nicht-negativ sein, damit die Ungleichungen (1.11) erfüllt sind:

$$\begin{aligned}&\hat{\boldsymbol T}_\alpha = \varrho(\partial F_\alpha/\partial\varepsilon), \qquad \boldsymbol T_{n\alpha} = \varrho(\partial F_\alpha/\partial\gamma), \qquad \boldsymbol M_\alpha = \varrho(\partial F_\alpha/\partial\varkappa), \\ &S_\alpha = -\varrho(\partial F_\alpha/\partial t_\alpha), \qquad \varrho(\partial F_\alpha/\partial\nabla t_\alpha) = 0, \\ &(\partial F_1/\partial t_2) = 0, \qquad (\partial F_1/\partial\nabla t_2) = 0, \quad (\rightleftarrows), \\ &\varrho g_1 t_+^{-1}(t_+ - t_1) \geqq 0, \qquad \varrho Q_1 t_2^{-1}(t_2 - t_1) \geqq 0, \\ &-t_1^{-1}(\nabla t_1)\cdot\boldsymbol h_1 \geqq 0, \quad (\rightleftarrows).\end{aligned} \tag{1.12}$$

Folglich gilt

$$F_1 = F_1(\varepsilon, \gamma, \varkappa, t_1), \qquad F_2 = F_2(\varepsilon, \gamma, \varkappa, t_2). \tag{1.13}$$

Unter Beachtung der Gleichungen (1.7) gilt

$$\hat{\boldsymbol T} = \varrho(\partial F/\partial\varepsilon), \qquad \boldsymbol T_n = \varrho(\partial F/\partial\gamma), \qquad \boldsymbol M = \varrho(\partial F/\partial\varkappa). \tag{1.14}$$

Außerdem erhält man aus (1.11) unter Berücksichtigung der Gleichungen (1.12) die Wärmeleitungsgleichung für thermoelastische inhomogene Cosserat-Platten

$$\nabla\cdot\boldsymbol h_1 = \varrho(g_{01} + g_1 + Q_1) - \varrho\dot S_1 t_1. \tag{1.15}$$

Durch unmittelbares Einsetzen kann man feststellen, daß für den Fall thermoelastischen Materials keine Energiedissipation auftritt ($\Phi = 0$).

1.4. Adiabate und isotherme Prozesse

Adiabate Prozesse verlaufen in thermoisolierten Kontinua ab. Für die hier betrachteten Cosserat-Platten gilt folglich

$$g = 0, \qquad (g_{10} = g_{20} = 0, g_1 = g_2 = 0),$$
$$\boldsymbol h = 0, \qquad t_1 = t_2 = t^*. \tag{1.16}$$

Die Gleichungen (1.16) stellen eine Analogie zu den entsprechenden Beziehungen in der dreidimensionalen Thermomechanik dar [8], [9]. Die letzte Beziehung in (1.16) folgt aus den Überlegungen des Abschnittes 1.2. Zwei Temperaturen ergeben sich erst für den Fall des Kontaktes mit der Umgebung. Aus (1.16) folgt

$$\varrho\dot U = \hat{\boldsymbol T}\cdot\cdot\,\dot\varepsilon + \boldsymbol T_n\cdot\dot\varkappa + \boldsymbol M^{\mathrm T}\cdot\cdot\,\dot\varkappa, \qquad \varrho\dot S \geqq 0. \tag{1.17}$$

Für nichtdissipative Materialien ist $\Phi = 0$ bzw.

$$\varrho\dot F = \hat{\boldsymbol T}\cdot\cdot\,\dot\varepsilon + \boldsymbol T_n\cdot\dot\varkappa + \boldsymbol M^{\mathrm T}\cdot\cdot\,\dot\varkappa. \tag{1.18}$$

Folglich erhält man

$$\varrho\dot F = \varrho\dot U, \qquad \varrho\dot S = 0, \tag{1.19}$$

d. h., daß für adiabate Prozesse bei nichtdissipativen Materialien die Entropie konstant ist. Entsprechend dem 3. Hauptsatz der Thermodynamik, wonach bei $t^* \to 0$ auch $S \to 0$ geht, kann hier $S = 0$ gesetzt werden.

Bei isothermen Prozessen können folgende Annahmen getroffen werden: die Wärmeabfuhr bzw. -zufuhr erfolgt so, daß zu jedem Zeitpunkt und an jeder Stelle des Kontinuums eine konstante Temperatur herrscht:

$$t_1 = t_2 = t^* = \text{konst}. \tag{1.20}$$

Damit entfällt die Betrachtung der Gleichung (1.15) (s. auch die Analogie zur dreidimensionalen Kontinuumsmechanik [8]). Zur Realisierung eines solchen Prozesses muß auch die Temperatur der Umgebung gleich sein ($t_+ = t_-$). Folglich lautet die dissipative Ungleichung

$$\varrho\dot S - \varrho g + (\nabla\cdot\boldsymbol h)\,t^{*-1} \geqq 0, \tag{1.21}$$

und unter Beachtung von (1.5) ergibt sich

$$\hat{\boldsymbol T}\cdot\cdot\,\dot\varepsilon + \boldsymbol T_n\cdot\dot\gamma + \boldsymbol M^{\mathrm T}\cdot\cdot\,\dot\varkappa - \varrho\dot F \geqq 0. \tag{1.22}$$

Nachfolgend werden nur isotherme Prozesse betrachtet.

2. Cosserat-Platten aus klassischen Materialien

2.1. Die inhomogene elastische Cosserat-Platte

Für Platten aus linear-elastischem Material wird postuliert, daß die freie Energie F, der Kräftetensor $\boldsymbol T$ und der Momententensor $\boldsymbol M$ ausschließlich Funktionen der Deformationstensoren sind. Folglich gilt

$$\dot F = (\partial F/\partial\varepsilon)\cdot\cdot\,\dot\varepsilon + (\partial F/\partial\gamma)\cdot\dot\gamma + (\partial F/\partial\varkappa)\cdot\cdot\,\dot\varkappa, \tag{2.1}$$

$$[\hat{\boldsymbol T} - \varrho(\partial F/\partial\varepsilon)]\cdot\cdot\,\dot\varepsilon + [\boldsymbol T_n - \varrho(\partial F/\partial\gamma)]\cdot\dot\gamma + [\boldsymbol M - \varrho(\partial F/\partial\varkappa)]^{\mathrm T}\cdot\cdot\,\dot\varkappa \geqq 0. \tag{2.2}$$

Die Bedingungen für das Erfülltsein der Ungleichung (2.2) sind mit (1.14) gegeben. Für die freie Energie kann man ihm Rahmen der hier betrachteten, geometrisch und physikalisch linearen Theorie folgende quadratische Approximation verwenden

$$F = 1/2\varepsilon\cdot\cdot\,{}^{(4)}\boldsymbol A\cdot\cdot\,\varepsilon + \varepsilon\cdot\cdot\,{}^{(4)}\boldsymbol B\cdot\cdot\,\varkappa + 1/2\varkappa\cdot\cdot\,{}^{(4)}\boldsymbol C\cdot\cdot\,\varkappa + 1/2\gamma\cdot\boldsymbol\Gamma\cdot\gamma + \gamma\cdot({}^{(3)}\boldsymbol\Gamma_1\cdot\cdot\,\varepsilon + {}^{(3)}\boldsymbol\Gamma_2\cdot\cdot\,\varkappa). \tag{2.3}$$

Die Tensoren 4. Stufe ${}^{(4)}\boldsymbol A$, ${}^{(4)}\boldsymbol B$, ${}^{(4)}\boldsymbol C$, 3. Stufe ${}^{(3)}\boldsymbol\Gamma_1$, ${}^{(3)}\boldsymbol\Gamma_2$ und der Tensor 2. Stufe $\boldsymbol\Gamma$ werden Tensoren der elastischen Moduli genannt und stellen Ersatzsteifigkeiten für das Modellkontinuum dar. Die Identifikation der einzelnen Komponenten der Tensoren ist eine teilweise komplizierte Aufgabe und geschieht meistens durch Gegenüberstellung einfachster Testaufgaben, die nach der Theorie für Cosserat-Platten und der räumlichen Elastizitätstheorie (Aufgaben über den elastischen Streifen) gelöst werden. Für inhomogene elastische Cosserat-Platten ist ein möglicher Identifikationsprozeß in [12] beschrieben. Die dabei ermittelten Werte stimmen gut mit den bekannten Lösungen für Sonderfälle überein [4], [13], [14]. Bei der Lösung einfacher Beispielaufgaben haben sich die ermittelten Werte bewährt (z. B. bei Sandwich-Platten [15], [16]).

2.2. Die inhomogene viskose Cosserat-Platte

Für Platten aus linear-viskosem Material wird postuliert, daß die freie Energie F, der Kräftetensor $\boldsymbol T$ und der Momententensor $\boldsymbol M$ Funktionen der Deformationsgeschwindigkeitstensoren $\dot\varepsilon$, $\dot\gamma$, $\dot\varkappa$ sind. Für den isotropen Fall können folgende Beziehungen gesetzt werden

$$F = F(\dot\varepsilon, \dot\gamma, \dot\varkappa), \qquad \boldsymbol T = {}^{(4)}\tilde{\boldsymbol A}\cdot\cdot\,\dot\varepsilon + {}^{(4)}\tilde{\boldsymbol B}\cdot\cdot\,\dot\varkappa, \tag{2.4}$$

$$\boldsymbol T_n = \tilde{\boldsymbol\Gamma}\cdot\dot\gamma, \qquad \boldsymbol M^{\mathrm T} = \varepsilon\cdot\cdot\,{}^{(4)}\tilde{\boldsymbol B} + {}^{(4)}\tilde{\boldsymbol C}\cdot\cdot\,\dot\varkappa. \tag{2.5}$$

Die Struktur der Gleichungen (2.5) und der Tensoren ${}^{(4)}\tilde{\boldsymbol A}$, ${}^{(4)}\tilde{\boldsymbol B}$, ${}^{(4)}\tilde{\boldsymbol C}$, $\tilde{\boldsymbol\Gamma}$ gilt nur für isotropes Material und ist analog den Beziehungen für isotrope, linear-elastische Cosserat-Platten [12].

Entsprechend (2.4) gilt

$$\dot F = (\partial F/\partial\dot\varepsilon)\cdot\cdot\,\ddot\varepsilon + (\partial F/\partial\dot\gamma)\cdot\ddot\gamma + (\partial F/\partial\dot\varkappa)^{\mathrm T}\cdot\cdot\,\ddot\varkappa, \tag{2.6}$$

und nach Einsetzen in Gleichung (1.18) erhält man

$$-\varrho[(\partial F/\partial\dot\varepsilon)\cdot\cdot\,\ddot\varepsilon + (\partial F/\partial\dot\gamma)\cdot\ddot\gamma + (\partial F/\partial\dot\varkappa)^{\mathrm T}\cdot\cdot\,\ddot\varkappa] + \hat{\boldsymbol T}\cdot\cdot\,\dot\varepsilon + \boldsymbol T_n\cdot\dot\gamma + \boldsymbol M^{\mathrm T}\cdot\cdot\,\dot\varkappa \geqq 0. \tag{2.7}$$

Die Ungleichung (2.7) ist erfüllt, wenn

$$(\partial F/\partial\dot\varepsilon) = 0, \qquad (\partial F/\partial\dot\gamma) = 0, \qquad (\partial F/\partial\dot\varkappa) = 0, \tag{2.8}$$

d. h. $F = \text{konst}(\dot{\varepsilon}, \dot{\gamma}, \dot{\varkappa})$, und

$$(^{(4)}\tilde{\boldsymbol{A}} \cdot\cdot \dot{\boldsymbol{\varepsilon}} + {}^{(4)}\tilde{\boldsymbol{B}} \cdot\cdot \dot{\boldsymbol{\varkappa}}) \cdot\cdot \dot{\boldsymbol{\varepsilon}} + \dot{\boldsymbol{\gamma}} \cdot \tilde{\boldsymbol{\Gamma}} \cdot \dot{\boldsymbol{\gamma}} + (\dot{\boldsymbol{\varepsilon}} \cdot\cdot {}^{(4)}\tilde{\boldsymbol{B}} + {}^{(4)}\tilde{\boldsymbol{C}} \cdot\cdot \dot{\boldsymbol{\varkappa}}) \cdot\cdot \dot{\boldsymbol{\varkappa}} \geqq 0 \tag{2.9}$$

gilt. Offensichtlich ist die Bedingung (2.9) identisch mit folgender Bedingung

$$2W \geqq 0 . \tag{2.10}$$

Dabei ist W eine quadratische Form

$$W = 1/2\dot{\boldsymbol{\varepsilon}} \cdot\cdot {}^{(4)}\tilde{\boldsymbol{A}} \cdot\cdot \dot{\boldsymbol{\varepsilon}} + \dot{\boldsymbol{\varepsilon}} \cdot\cdot {}^{(4)}\boldsymbol{B} \cdot\cdot \dot{\boldsymbol{\varkappa}} + 1/2\dot{\boldsymbol{\varkappa}} \cdot\cdot {}^{(4)}\boldsymbol{C} \cdot\cdot \dot{\boldsymbol{\varkappa}} + $$
$$+ 1/2\dot{\boldsymbol{\gamma}} \cdot \tilde{\boldsymbol{\Gamma}} \cdot \dot{\boldsymbol{\gamma}} . \tag{2.11}$$

Die Untersuchung der quadratischen Form läßt sich besonders günstig nach entsprechendem Übergang zu den Komponenten in den Hauptkoordinaten [6], [12] durchführen. Dann gilt

$$2W = W_1(\dot{\varepsilon}_1, \dot{\varepsilon}_2, \dot{\varkappa}_1, \dot{\varkappa}_2) + W_2(\dot{\varepsilon}_{12}, \dot{\tau}_1, \dot{\tau}_2) + W_3(\dot{\gamma}_1, \dot{\gamma}_2) \tag{2.12}$$

mit

$$W_1 = \tilde{A}_1 y_1^2 + \tilde{A}_2 y_2^2 + \tilde{C}_1 y_3^2 + \tilde{C}_2 y_4^2 - 2\tilde{B}_1 y_1 y_3 + 2\tilde{B}_2 y_2 y_4 ,$$
$$W_2 = \tilde{A}_2 y_5^2 + 2\tilde{B}_2 y_5 y_6 + \tilde{C}_2 y_6^2 , \qquad W_3 = \tilde{\Gamma}(\dot{\gamma}_1^2 + \dot{\gamma}_2^2) ,$$
$$y_1 = \dot{\varepsilon}_1 + \dot{\varepsilon}_2 , \qquad y_2 = \dot{\varepsilon}_1 - \dot{\varepsilon}_2 , \qquad y_3 = \dot{\varkappa}_1 + \dot{\varkappa}_2 ,$$
$$y_4 = \dot{\varkappa}_1 - \dot{\varkappa}_2 , \qquad y_5 = 2\dot{\varepsilon}_{12} , \qquad y_6 = \dot{\tau}_1 + \dot{\tau}_2 .$$

$\tilde{A}_1$, $\tilde{A}_2$, $\tilde{B}_1$, $\tilde{B}_2$, $\tilde{C}_1$, $\tilde{C}_2$, $\tilde{\Gamma}$ sind die entsprechenden Komponenten der Tensoren ${}^{(4)}\tilde{\boldsymbol{A}}$, ${}^{(4)}\tilde{\boldsymbol{B}}$, ${}^{(4)}\tilde{\boldsymbol{C}}$, $\tilde{\boldsymbol{\Gamma}}$; $\varepsilon_1, \varepsilon_2, \varepsilon_{12}, \varkappa_1, \varkappa_2, \tau_1, \tau_2, \gamma_1, \gamma_2$ die Komponenten der Tensoren $\boldsymbol{\varepsilon}$, $\boldsymbol{\varkappa}$, $\boldsymbol{\gamma}$.

Mit Hilfe des Kriteriums von SYLVESTER [17] werden die Formen W_1, W_2, W_3 untersucht. Damit die Ungleichung (2.10) erfüllt ist, müssen folgende Bedingungen realisiert sein

$$\tilde{\Gamma} \geqq 0 , \qquad \tilde{A}_2 \geqq 0 , \qquad \tilde{A}_2\tilde{C}_2 - \tilde{B}_2^2 \geqq 0 , \qquad \tilde{C}_2 \geqq 0 ,$$
$$\tilde{A}_1 \geqq 0 , \qquad \tilde{A}_1\tilde{C}_1 - \tilde{B}_1^2 \geqq 0 , \qquad \tilde{C}_1 \geqq 0 . \tag{2.13}$$

Die Identifikation der Komponenten $\tilde{A}_1$, $\tilde{A}_2$, $\tilde{B}_1$, $\tilde{B}_2$, $\tilde{C}_1$, $\tilde{C}_2$, $\tilde{\Gamma}$ geschieht wie im Falle linear-elastischen Materials durch Gegenüberstellung geeigneter Testaufgaben. Folgendes Materialgesetz für isotropes, linear-viskoses Material ist Ausgangspunkt der Betrachtungen

$$\boldsymbol{\tau} = 2\eta(z) \, [\varkappa(z) \, \dot{\vartheta} \boldsymbol{E}(1 - 2\varkappa(z))^{-1} + \dot{\boldsymbol{\varepsilon}}^*] , \tag{2.14}$$

wobei $\boldsymbol{\varepsilon}^*$ der Deformationstensor der Elastizitätstheorie, $\vartheta = \boldsymbol{\varepsilon}^* \cdot\cdot \boldsymbol{E}$ und $\eta(z)$, $\varkappa(z)$ Materialparameter sind. Damit erhält man

$$\tilde{A}_1 = \langle \eta(1 + \varkappa)/(1 - \varkappa) \rangle , \qquad \tilde{A}_2 = \langle \eta \rangle ,$$
$$\tilde{B}_1 = -\langle \eta z(1 + \varkappa)/(1 - \varkappa) \rangle , \qquad \tilde{B}_2 = \langle \eta z \rangle , \tag{2.15}$$
$$\tilde{C}_1 = \langle \eta z^2(1 + \varkappa)/(1 - \varkappa) \rangle , \qquad \tilde{C}_2 = \langle \eta z^2 \rangle ,$$
$$\tilde{\Gamma} = \lambda_0^2(\tilde{A}_2\tilde{C}_2 - \tilde{B}_2^2)/\tilde{A}_2 ,$$

wobei λ_0 die kleinste positive Wurzel folgender Sturm-Liouvillescher Aufgabe ist

$$\frac{\partial}{\partial z}\left[\eta(z) \frac{\partial}{\partial z} \dot{V}(z)\right] + \lambda_0^2 \eta(z) \, \dot{V}(z) = 0 ,$$
$$z = \pm \, h/2 : \frac{\partial}{\partial z} \dot{V}(z) = 0 . \tag{2.16}$$

Für $\eta(z) = \eta = \text{konst}$, $\varkappa(z) = \varkappa = \text{konst}$ ergeben sich

$$\tilde{A}_1 = (1 + \varkappa) \, \eta \, h/(1 - \varkappa) , \qquad A_2 = \eta h , \qquad \tilde{B}_1 = \tilde{B}_2 = 0 ,$$
$$\tilde{\Gamma} = \frac{\pi^2}{12} \eta h , \qquad \tilde{C}_1 = (1 + \varkappa) \, \eta \, h^3/12(1 - \varkappa) , \tag{2.17}$$
$$C_2 = \eta h^3/12 .$$

In [13] wird eine viskose Platte ohne Scheibenwirkung untersucht. Die dort enthaltenen Werte γ, α, β erhält man, wenn man

$$\tilde{C}_2 = \gamma , \qquad \tilde{C}_1 - \tilde{C}_2 = \beta , \qquad \tilde{\Gamma} = \alpha \tag{2.18}$$

setzt.

Abschließend soll noch überprüft werden, ob die Werte (2.15) den Bedingungen (2.13) genügen. Dabei kann man davon ausgehen, daß $\eta(z) \geqq 0$, $\varkappa(z) \geqq 0$ ist. Damit sind die Bedingungen

$$\tilde{A}_1 \geqq 0 , \qquad \tilde{A}_2 \geqq 0 , \qquad \tilde{C}_1 \geqq 0 , \qquad \tilde{C}_2 \geqq 0 \tag{2.19}$$

erfüllt. Für den Nachweis der Beziehungen

$$\tilde{A}_1\tilde{C}_1 - \tilde{B}_1^2 \geqq 0 , \qquad \tilde{A}_2\tilde{C}_2 - \tilde{B}_2^2 = \geqq 0 \tag{2.20}$$

wird die Ungleichung von Schwarz-Cauchy-Bunjakovski [18] verwendet: sind $f_1(x)$ und $f_2(x)$ reelle Funktionen im Intervall $a \leqq x_b \leqq b$, so gilt

$$[\int_a^b f_1(x) \, f_2(x) \, dx]^2 \leqq \int_a^b f_1(x)^2 \, dx \int_a^b f_2(x)^2 \, dx . \tag{2.21}$$

Hier sind

$$a = -h/2 , \qquad b = h/2 , \qquad x = z , \qquad f_1 = \sqrt{\eta} , \qquad f_2 = \sqrt{\eta z^2} , \tag{2.22}$$

und man erhält

$$\langle \eta \rangle \langle \eta z^2 \rangle \geqq \langle \eta z \rangle^2 , \tag{2.23}$$

bzw. für

$$f_1 = \sqrt{(1 + \varkappa) \, \eta/(1 - \varkappa)} , \qquad f_2 = \sqrt{(1 + \varkappa) \, \eta z^2/(1 - \varkappa)} \tag{2.24}$$

ergibt sich

$$\langle (1 + \varkappa) \, \eta/(1 - \varkappa) \rangle \langle (1 + \varkappa) \, \eta z^2/(1 - \varkappa) \rangle \geqq$$
$$\geqq \langle (1 + \varkappa) \, \eta \, z/(1 - \varkappa) \rangle^2 . \tag{2.25}$$

Die Bedingung $\tilde{\Gamma} \geqq 0$ ist damit ebenfalls erfüllt.

2.3. Die Cosserat-Platte aus Kelvin-Voigt-Material

Analog zu der Methode der rheologischen Modelle in der dreidimensionalen Kontinuumsmechanik [5], läßt sich auch komplizierteres Materialverhalten bei Cosserat-Platten modellieren. Als Demonstrationsbeispiel soll dafür die Cosserat-Platte aus Kelvin-Voigt-Material behandelt werden. Das Materialgesetz von Kelvin-Voigt stellt eine „Parallelschaltung" der in den Abschnitten 2.1. und 2.2. eingeführten Elemente dar. Entsprechend den Axiomen für die „Parallelschaltung" gilt hier

$$\hat{\boldsymbol{T}} = \hat{\boldsymbol{T}}^{\text{el}} + \hat{\boldsymbol{T}}^{\text{visk}} , \qquad \boldsymbol{T}_n = \boldsymbol{T}_n^{\text{el}} + \boldsymbol{T}_n^{\text{visk}} ,$$
$$\boldsymbol{M} = \boldsymbol{M}^{\text{el}} + \boldsymbol{M}^{\text{visk}} , \qquad F = F^{\text{el}} + F^{\text{visk}} . \tag{2.26}$$

Damit erhält man unter Beachtung von [12] und (2.5)

$$\hat{\boldsymbol{T}} = {}^{(4)}\tilde{\boldsymbol{A}} \cdot\cdot \dot{\boldsymbol{\varepsilon}} + {}^{(4)}\tilde{\boldsymbol{B}} \cdot\cdot \dot{\boldsymbol{\varkappa}} + {}^{(4)}\boldsymbol{A} \cdot\cdot \boldsymbol{\varepsilon} + {}^{(4)}\boldsymbol{B} \cdot\cdot \boldsymbol{\varkappa} ,$$
$$\boldsymbol{T}_n = \tilde{\boldsymbol{\Gamma}} \cdot \dot{\boldsymbol{\gamma}} + \boldsymbol{\Gamma} \cdot \boldsymbol{\gamma} , \tag{2.27}$$
$$\boldsymbol{M}^{\mathsf{T}} = \dot{\boldsymbol{\varepsilon}} \cdot\cdot {}^{(4)}\tilde{\boldsymbol{B}} + {}^{(4)}\tilde{\boldsymbol{C}} \cdot\cdot \dot{\boldsymbol{\varkappa}} + \boldsymbol{\varepsilon} \cdot\cdot {}^{(4)}\boldsymbol{B} + {}^{(4)}\boldsymbol{C} \cdot\cdot \boldsymbol{\varkappa} ,$$
$$F = 1/2 \, \boldsymbol{\varepsilon} \cdot\cdot {}^{(4)}\boldsymbol{A} \cdot\cdot \boldsymbol{\varepsilon} + \boldsymbol{\varepsilon} \cdot\cdot {}^{(4)}\boldsymbol{B} \cdot\cdot \boldsymbol{\varkappa} + 1/2\boldsymbol{\varkappa} \cdot\cdot {}^{(4)}\boldsymbol{C} \cdot\cdot \boldsymbol{\varkappa} +$$
$$+ 1/2\boldsymbol{\gamma} \cdot \boldsymbol{\Gamma} \cdot \boldsymbol{\gamma} + \text{konst} .$$

Die Erfüllung der dissipativen Ungleichung ist für die Cosserat-Platte aus Kelvin-Voigt-Material gesichert, da jedes Einzelelement der „Parallelschaltung" die dissipative Ungleichung erfüllt [5].

3. Abschließende Bemerkungen

Die hier vorgestellte Theorie für inhomogene Cosserat-Platten wurde im Rahmen von nur zwei Grundannahmen abgeleitet [3]. Alle weiteren Annahmen, so z. B. daß die Platte glatt ist und konstante Dicke besitzt, sind nicht von prinzipieller Bedeutung, sondern kennzeichnen nur die jeweilige Variante der allgemeinen Theorie. In der Arbeit wurde gezeigt, daß die Theorie von SHILIN auch auf viskose Materialien erweiterbar ist. Die Erarbeitung eines Grundmodells „starr-plastische Cosserat-Platte" würde eine umfassende Anwendung der Methode der rheologischen Modelle zulassen. Für den Fall der reinen Plattenwirkung bei über die Plattendicke konstantem Materialverhalten ist dies in [13] gezeigt. Eine Verallgemeinerung auf die in dieser Arbeit vorgestellte Plattenklasse steht noch aus.

Anmerkung: Die Arbeit entstand im Ergebnis zahlreicher Diskussionen mit Herrn Doz. Dr. phys.-math. Wiss. SHILIN (Polytechnisches Institut Leningrad). Der Autor möchte sich auf diesem Wege bedanken.

Literatur

1 ALTENBACH, H., Analytische Modelle zur Beschreibung von in Dickenrichtung homogenen und inhomogenen dünnen Platten und Schalen, ZAMM 64 (1984) 10, M 430–M 431.

2 Жилин, П. А., Механика деформируемых оснащенных поверхностей В книге: Труды IX Всесоюзной конференции по теории оболочек и пластин, Ленинград 1973, Судостроение Ленинград, 1975, с. 48–54.

3 Жилин, П. А., Основные уравнения неклассической теории упругих оболочек, Труды ЛПИ, 1982, № 386, с. 29–46.

4 ZHILIN, P. A., Mechanics of deformable directed surfaces, Int. J. Solids Structures **12** (1976), 635–648.

5 Пальмов, В. А., Реологические модели в нелинейной механике деформируемых тел, Успехи механики 3, (1980) 3, 76–115.

6 Жилин, П. А.; Скворцов, В. Р., Описание простого краевого эффекта теорией оболочек и пространственной теорией упругости, Изв. АН СССР, Мех. тв. тела, 1983, № 5, 137–147.

7 Григолюк, Э. И.; Селезов, И. Т., Неклассические теории колебаний стержней, пластин и оболочек, Механика твердых деформируемых тел, том 5, Москва, ВИНИТИ, 1973

8 Лурье, А. И., Нелинейная теория упругости, Москва, Наука, 1980.

9 TRUESDELL, C., First Course in Rational Continuum Mechanics, The J. Hopkins University, Baltimore, Maryland, 1972.

10 GREEN, A. E.; NAGHDI, P. M., WANIWRIGHT, W. L., A general theory of a Cosserat surface, Arch. Rat. Mech. Anal. **20** (1965), 287–308.

11 ROTHERT, H., Lineare konstitutive Gleichungen der viskoelastischen Cosseratfläche, ZAMM **55** (1975), 647–656.

12 ALTENBACH, H., Die Ermittlung der Deformationsenergie für dünne Platten und Schalen mit in Dickenrichtung veränderlichen Materialeigenschaften, Wiss. Z. TH Magdeburg **28** (1984) 2, S. 29–33.

13 Пальмов, В. А., К теории пластин Коссера, Труды ЛПИ, 1982, № 386, с. 5–8.

14 REISSNER, E., On the Theory of Bending of elastic plates, J. Math. Phys. **23** (1944), 184–191.

15 ALTENBACH, H.; SHILIN, P. A., Eine nichtlineare Theorie dünner Dreischichtschalen und ihre Anwendung auf die Stabilitätsuntersuchungen eines, dreischichtigen Streifens, Techn. Mech. **3** (1982) 2, 23–30.

16 ALTENBACH, H., Die Grundgleichungen einer linearen Theorie für dünne, elastische Platten und Scheiben mit inhomogenen Materialeigenschaften Techn. Mech. **5** (1984) 2, 51–58.

17 Ильин, В. А.; Позняк, Э. К., Линейная алгебра, Москва, Наука, 1978.

18 SMIRNOW, W. I., Lehrgang der höheren Mathematik, Teil III/1, VEB Deutscher Verlag der Wissenschaften, Berlin 1964.

Eingegangen am 14. September 1984, in revidierter Fassung am 29. Januar 1985

Anschrift: Dr.-Ing. HOLM ALTENBACH, Technische Hochschule „Otto von Guericke", Sektion DPV, PSF 124, DDR-3010 Magdeburg

ZAMM · Z. angew. Math. Mech. **65** (1985) 12, 641–644

MENH, N. C.

On the Qualitative Analysis of Dynamical Systems Subjected to Stochastic Excitations

Introduction

Like in the deterministic cases it is rare to find the exact solution for non-linear dynamical systems subjected to stochastic forces. Therefore, the qualitative analysis of the dynamical systems without finding its exact solution is convenient in several cases.

Dynamical systems subjected to non-white stochastic excitation, which often are met in practice, have been investigated by approximatively leading it to a differential equation of Itô's type [1, 2]. In [3] CHASMINSKI has studied dynamical systems by qualitative analysis on the basis of looking for a Ljapunov function. However, the global Lipschitz condition on the Ljapunov function makes it difficult to establish the Ljapunov function in the study of even familiar dynamical systems.

In this paper we would like to generalize some theorems in [3] in order to simplify the task to establish Ljapunov functions and to apply them to a wider class of dynamical systems. It will be illustrated by examples.

Let us now present some definitions and notations, which will be used in what follows.

Let us consider the dynamical system governed by the differential equation:

$$\mathrm{d}x/\mathrm{d}t = G(x, t, \xi(t, \omega)) \tag{0.1}$$

with the initial condition

$$x(t_0) = x_0(\omega) \tag{0.2}$$

where $\xi(t, \omega)$ is an arbitrary stochastic process and $\xi \in E_k$, $x \in E_l$, E_k, E_l being k, l-dimensional Euclidean spaces, respectively.

We say that $G(0, t, \xi(t, \omega)) \in L$ if for an arbitrary $T > 0$

$$\mathsf{P}\{\int_0^T |G(0, t, \xi(t, \omega))| \, \mathrm{d}t < \infty\} = 1 \tag{0.3}$$

where P is the probability measure.

The function $G(x, t, \xi(t, \omega))$ is said to satisfy the *global* Lipschitz condition if there exists a stochastic function $B(t, \omega) \in L$ so that for each $x_1, x_2 \in E_l$ the following inequality holds

$$|G(x_2, t, \xi(t, \omega)) - G(x_1, t, \xi(t, \omega))| \leqq B(t, \omega) \, |x_2 - x_1| \, . \tag{0.4}$$

If there exists a function $B_R(t, \omega) \in L$ so that for x_1, x_2 in the sphere $|x| \leqq R$,

$$|G(x_2, t, \xi(t, \omega)) - G(x_1, t, \xi(t, \omega))| \leqq B_R(t, \omega) \, |x_2 - x_1| \, , \tag{0.5}$$

then we say that the function $G(x, t, \xi(t, \omega))$ satisfies the *local* Lipschitz condition. Now let us extract the following theorem ([3], p. 27), which will be used in what follows.

Theorem 1: *Assume that there exists a family of stochastic variables $\tau(R, \omega)$ so that $\tau(R, \omega) \uparrow \infty$ as $R \to \infty$ with probability* 1 *and for an arbitrary solution $x(t, \omega)$ of the system* (0.1)–(0.2) (if it exists) *there holds*

$$\inf \{t : |x(t, \omega)| \geqq R\} \geqq \tau(R, \omega) \tag{0.6}$$

with probability 1. *Besides, if the conditions* (0.3) *and* (0.5) *are satisfied, then with probability* 1 *the solution of the system* (0.1)–(0.2) *is a unique and absolutely continuous stochastic process for $t \geqq t_0$* (infinitely prolonged as $t \geqq t_0$).

1. Existence of the solution of a non-linear dynamical system in an infinite time interval

In this section we shall investigate a dynamical system governed by an equation of the form

$$\mathrm{d}x/\mathrm{d}t = F(x, t) + \sigma(x, t) \, \xi(t, \omega) \, , \qquad x(t_0) = x_0(\omega) \, , \tag{1.1}$$

where $x \in E_l$, $\xi \in E_k$, σ is a $k \times l$-matrix. The equation

$$\mathrm{d}x/\mathrm{d}t = F(x, t) \tag{1.2}$$

is called by the *reduced equation* of the equation (1.1). Denote

$$\mathrm{d}^{(1)}/\mathrm{d}t = \partial(\cdot)/\partial t + \operatorname{grad}(\cdot) \cdot F + \operatorname{grad}(\cdot) \, \sigma(x, t) \, \xi(t, \omega) \tag{1.3}$$

as Ljapunov operator for equation (1.1), and

$$\mathrm{d}^0/\mathrm{d}t = \partial(\cdot)/\partial t + \operatorname{grad}(\cdot) \cdot F(x, t)$$

as Ljapunov operator for the reduced equation (1.2). We shall prove the following theorem.

Theorem 2: *Suppose that $\xi(t, \omega) \in L$ and $F(x, t)$, $\sigma(x, t)$ satisfy the local Lipschitz condition and $F(0, t) \in L$. Thereby assume that there exists a Ljapunov function $V(x, t)$ for equation* (1.1), *which is continuous and has a continuous derivative with respect to x and*

$$1. \quad V_R = \inf_{(t \geqq t_0) \cdot (|x| > R)} V(x, t) \to \infty \quad \text{as} \quad R \to \infty \, , \tag{1.4}$$

$$2. \quad \mathrm{d}^0 V/\mathrm{d}t < c_1 V \, , \tag{1.5}$$

$$3. \quad |\operatorname{grad} V \cdot \sigma(x, t)| < c_2 V \quad \text{for } |x| > R_0 \tag{1.6}$$

then there exists a solution of equation (1.1), *which is a unique and absolutely continuous process for $t \geqq t_0$.*

In the proof of the theorem 2 we shall use the following known lemma (cf. [3], p. 23).

Lemma 1: *Suppose that $y(t)$ is an absolutely continuous function with respect to $t \geqq t_0$, its derivative $\mathrm{d}y/\mathrm{d}t$ for almost all $t \geqq t_0$ satisfies the inequality*

$$\mathrm{d}y/\mathrm{d}t \leqq A(t) \, y + B(t) \tag{1.7}$$

where $A(t)$ and $B(t)$ are functions being almost everywhere continuous and integrable in every finite interval. Then the following *inequality holds*

$$y(t) \leqq y(t_0) \exp \{\int_{t_0}^{t} A(s)\, ds\} + \int_{t_0}^{t} \exp \{\int_{s}^{t} A(u)\, du\} B(s)\, ds\,. \quad (1.8)$$

Proof of Theorem 2: It is only necessary to show that the assumptions of Theorem 2 fulfill the conditions of theorem 1. First of all we see that $F(x, t)$, $\sigma(x, t)$ satisfy the local Lipschitz condition and $\xi(t, \omega)$, $F(0, t) \in L$. Hence, the conditions (0.3), (0.5) of Theorem 1 are satisfied. We have to prove that the condition (0.6) will also be fulfilled for Theorem 2. Suppose that $V(x, t)$ is the Ljapunov function, which satisfies the conditions of Theorem 2. Then the derivative of the function $V(x, t)$ along a trajectory of equation (1.1) has the form:

$$dV(x(t), t)/dt = d^{(1)}V(x, t)/dt =$$

$$= \partial V(x, t)/\partial t + \text{grad } V(x, t) \cdot F(x, t) + \text{grad } V(x, t)\, \sigma(x, t) \times \times \xi(t, \omega)\,, \quad (1.9)$$

where

$$\text{grad } V(x, t) := (\partial V/\partial x_1, \dots, \partial V/\partial x_l)\,.$$

Formally, we are able to write

$$\partial V/\partial t + \text{grad } V(x, t) \cdot F(x, t) = d^0 V(x, t)/dt$$

where x is a solution of equation (1.2).

From equation (1.9) we have

$$dV(x(t), t)/dt \leqq d^0 V(x, t)/dt + |\text{grad } V \cdot \sigma(x, t)|\, |\xi(t, \omega)|\,. \quad (1.10)$$

According to the conditions (1.5), (1.6) of Theorem 2, the inequality (1.10) yields

$$dV/dt \leqq c_1 V + c_2 V \cdot |\xi(t, \omega)| \leqq |c_1|\, V + c_2 V\, |\xi(t, \omega)|$$

$$\text{for} \quad |x| > R_0\,. \quad (1.11)$$

In the sphere $|x| \leqq R_0$ the functions $\sigma(x, t)$ and grad V are continuous with respect to x, therefore there exists $N(t) > 0$, finite in the interval $t \in [0, T]$, so that

$$|\text{grad } V \cdot \sigma(x, t)| < N(t)\,. \quad (1.12)$$

Hence, it follows that in the whole space E_l we have the inequality

$$dV/dt \leqq (|c_1| + c_2 \xi(t, \omega))\, V + N(t)\, |\xi(t, \omega)|\,. \quad (1.13)$$

Applying lemma 1 to the inequality (1.13) it is possible to obtain

$$V(x(t), t) \leqq \exp [\int_{t_0}^{t} (|c_1| + c_2 |\xi(s, \omega)|)\, ds]\, \{V(x_0, t_0) + \int_{t_0}^{t} \exp [-\int_{t_0}^{s} (|c_1| + c_2 |\xi(u, \omega)|)\, du]\, N(s)\, |\xi(s, \omega)|\, ds\}\,. \quad (1.14)$$

In this expression it is necessary to notice that

$$\exp [-\int_{t_0}^{s} (|c_1| + c_2 |\xi(u, \omega)|)\, du] < 1$$

with probability 1, therefore formula (1.14) yields

$$V(x, t) \leqq \exp [|c_1|\, (t - t_0) + \int_{t_0}^{t} c_2 |\xi(s, \omega)|\, ds]\, [V(x_0, t_0) + \int_{t_0}^{t} N(s) \times |\xi(s, \omega)|\, ds]\,. \quad (1.15)$$

It is worth to pay attention to the fact that though c_2 and $N(t)$ are dependent on R_0, after the choice of R_0, which fulfills the condition (1.6), the value R_0 is not changed. From formula (1.15) we are able to determine $\tau(R, \omega)$ by the following equation

$$\exp \{|c_1|\, [\tau(R, \omega) - t_0] + c_2 \int_{t_0}^{\tau(R, \omega)} |\xi(s, \omega)|\, ds\} \times [V(x_0, t_0) + \int_{t_0}^{\tau(R, \omega)} N(s)\, |\xi(s, \omega)|\, ds] = V_R\,. \quad (1.16)$$

Because of condition (1.4) of Theorem 2 and $\xi(t, \omega) \in L$, $N(t)$ is bounded in every finite interval of the argument t, it is possible to state that $\tau(R, \omega) \uparrow \infty$ as $R \to \infty$. Therefore, the condition (0.6) of Theorem 1 is satisfied for Theorem 2. Hence, the equation (1.1) has only one solution and we are able to prolong the solution to infinity with respect to $t \geqq t_0$. The Theorem 2 is proved.

Example 1: Suppose that the motion of a dynamical system is governed by the equation:

$$\ddot{x} + f(x)\, \dot{x} + g(x) = \sigma(x, \dot{x})\, \xi(t, \omega) \quad (1.17)$$

or in the other form:

$$\left.\begin{aligned} dx/dt &= y\,, \\ dy/dt &= -f(x)\, y - g(x) + \sigma(x, y)\, \xi(t, \omega)\,. \end{aligned}\right\} \quad (1.18)$$

Denote

$$G(x) = \int_0^x g(u)\, du$$

and assume that $f(x) \geqq M$ (M = const), that means $f(x)$ is a function bounded from below, because of $xg(x) > 0$ (for $x \neq 0$) it appears that $G(x) \geqq 0$,

$$|\sigma(x, \dot{x})| \leqq |c_1 x + c_2 \dot{x}| \quad \text{and} \quad G(x) \geqq c_3 x^2\,, \qquad c_3 > 0\,, \quad (1.19)$$

for $x^2 + \dot{x}^2 > R_0^2$.

Choose the Ljapunov function $V(x, y)$ in the form

$$V(x, y) = y^2/2 + G(x)$$

then

$$d^0 V/dt = y\, dy/dt + g(x)\, dx/dt = -f(x)\, y^2 \leqq -My^2 \leqq$$

$$\leqq 2\, |M|\, [y^2/2 + G(x)] = 2\, |M|\, V\, |\text{grad } V \cdot \sigma(x, y)| =$$

$$= \left|(g(x), y) \begin{pmatrix} 0 & 0 \\ 0 & \sigma \end{pmatrix}\right| = |y\sigma(x, y)| \leqq |(c_1 x + c_2 y)\, y| \leqq$$

$$\leqq |c_1|\, |xy| + |c_2|\, y^2 \leqq (|c_2| + |c_1|/2)\, y^2 + |c_1|\, x^2/2 \leqq A V(x, y)$$

for $x^2 + y^2 \geqq R_0^2$, where A is constant and may be calculated after $|c_1|$, $|c_2|$ and c_3. On the basis of Theorem 2 there exists the unique solution of equation (1.17) and it may be prolonged to infinity for $t \geqq t_0$. This example has been studied in [3] with the conditions $|g(x)/x| < c$ and $|\sigma(x, \dot{x})| < c_3$.

Van der Pol's equation is a particular case, in which $f(x) = x^2 - 1 \geqq -1$, $g(x) = x$, therefore it satisfies the conditions of Theorem 2.

2. The bound of a solution

In this section we shall use the conception of the bound of a solution and dissipation of a dynamical system according to [3].

Definition 1: A stochastic process $\xi(t, \omega)$, $t \geqq 0$, is said to be *bounded according to probability* if the random variable $\xi(t, \omega)$ is uniformly bounded with respect to t according to probability, that means

$$\sup_{t > 0} \mathsf{P}\{|\xi(t, \omega)| > R\} \to 0 \quad \text{as} \quad R \to \infty\,.$$

A random variable $x_0(\omega)$ is said to *belong to the class* A_R if

$$\mathsf{P}\{|x_0(\omega)| < R\} = 1\,.$$

Definition 2: The dynamical system (1.1) is said to be *dissipative* if the random variable $x(t, \omega, x_0, t_0)$ is uniformly bounded with respect to $x_0(\omega) \in A_R$ for an arbitrary R according to probability.

We shall prove the following theorem.

Theorem 3: *Suppose that in the space* $E = E_l \times (t \geqq t_0)$ *there exist a non-negative Ljapunov function* $V(x, t)$, *a constant* $R_0 > 0$ *and positive constants* c_1, c_2, c_3, N *dependent on* R_0 *in such a way that*

1. $d^0 V/dt < -c_1 V\,, \quad (2.1)$
2. $V_R = \inf_{(t \geqq t_0) \cdot (|x| > R)} V(x, t) \to \infty \quad as \quad R \to \infty\,, \quad (2.2)$
3. $|\text{grad } V \cdot \sigma(x, t)| < c_2 V \quad for \quad |x| > R_0, \quad (2.3)$
4. $|\text{grad } V \cdot \sigma(x, t)| \leqq N \quad for \quad |x| \leqq R_0\,, \quad (2.4)$
5. $\langle \exp \int_{t_0}^{t} c_2\, |\xi(s, \omega)|\, ds \rangle \leqq \exp [c_3 (t - t_0)] \quad (2.5)$

with the condition $c_3 < c_1$, *where* $\langle \cdots \rangle$ *denotes a mean value.* (Besides, the functions $F(x, t)$ and $\sigma(x, t)$ satisfy the local Lipschitz condition, $x_0 \in A_R$ and are independent from $\xi(t, \omega)$.) *Then the system* (1.1) *is dissipative.*

Proof: Similarly to the proof of Theorem 2 we have

$$\mathrm{d}V/\mathrm{d}t \leqq (-c_1 + c_2|\xi(t,\omega)|)\, V \quad \text{for} \quad |x| > R_0 . \tag{2.6}$$

For $|x| \leqq R_0$ we have the condition (2.4), therefore in the whole space E we obtain

$$\mathrm{d}V/\mathrm{d}t \leqq (-c_1 + c_2\,|\xi(t,\omega)|)\, V + N\,|\xi(t,\omega)| . \tag{2.7}$$

On the basis of the lemma 1 there is

$$V(x,t) \leqq \exp\left[\int_{t_0}^{t} (-c_1 + c_2\,|\xi(s,\omega)|)\,\mathrm{d}s\right] \times \\ \times \left[V(x_0,t_0) + N\int_{t_0}^{t} \exp\left\{-\int_{t_0}^{s} (-c_1 + c_2\,|\xi(u,\omega)|)\,\mathrm{d}u\right\} \times \\ \times |\xi(s,\omega)|\,\mathrm{d}s\right] . \tag{2.8}$$

Note that

$$N\int_{t_0}^{t} \exp\left\{-\int_{t_0}^{s} (-c_1 + c_2\,|\xi(u,\omega)|)\,\mathrm{d}u\right\} |\xi(s,\omega)|\,\mathrm{d}s = \\ = -\left(\frac{N}{c_2}\right)\exp\left\{-\int_{t_0}^{s} (-c_1 + c_2\,|\xi(u,\omega)|)\,\mathrm{d}u\right\}\Bigg|_{t_0}^{t} + \\ + \left(c_1\frac{N}{c_2}\right)\int_{t_0}^{t} \exp\left\{-\int_{t_0}^{s} (-c_1 + c_2\,|\xi(u,\omega)|)\,\mathrm{d}u\right\}\mathrm{d}s = \\ = -\left(\frac{N}{c_2}\right)\exp\left\{-\int_{t_0}^{t} (-c_1 + c_2\,|\xi(u,\omega)|)\,\mathrm{d}u\right\} + \frac{N}{c_2} + \\ + \left(c_1\frac{N}{c_2}\right)\int_{t_0}^{t} \exp\left\{-\int_{t_0}^{s} (-c_1 + c_2\,|\xi(u,\omega)|)\,\mathrm{d}u\right\}\mathrm{d}s . \tag{2.9}$$

Substituting (2.9) into (2.8) one can get

$$V(x,t) \leqq \exp\left\{\int_{t_0}^{t} (-c_1 + c_2\,|\xi(s,\omega)|)\,\mathrm{d}s\right\}\left[V(x_0,t_0) = \frac{N}{c_2}\right] - \\ - \frac{N}{c_2} + \left(c_1\frac{N}{c_2}\right)\int_{t_0}^{t} \exp\left\{\int_{s}^{t} (-c_1 + c_2\,|\xi(u,\omega)|)\,\mathrm{d}u\right\}\mathrm{d}s . \tag{2.10}$$

Calculating the mean value on both sides of the inequality (2.10), taking into account (2.5) and other assumptions of Theorem 3, after a simple transformation it is possible to obtain

$$\langle V(x,t)\rangle \leqq [\langle V(x_0,t_0)\rangle - Nc_3/c_2(c_1 - c_3)] \times \\ \times \exp\{-(c_1 - c_3)(t - t_0)\} + Nc_3/c_2(c_1 - c_3) . \tag{2.11}$$

From the assumption $c_1 > c_3$ and from the formula (2.11) we see that $V(x,t)$ is uniformly bounded with respect to $t \geqq t_0$ and $x_0(\omega)$, which satisfies the condition $\mathsf{P}\{|x_0(\omega)| < R\} = 1$.

On the other hand we have

$$\langle V(x,t)\rangle \geqq \int_{|x|>R} V(x,t)\,\mathsf{P}(\mathrm{d}\omega) \geqq \inf_{(s \geqq t_0)\cdot(|x|>R)} V(x,s)\cdot \mathsf{P}\{|x| > R\}$$

and it follows that

$$\mathsf{P}\{|x(t,\omega)| > R\} \leqq \langle V(x,t)\rangle / \inf_{(s \geqq t_0)\cdot(|x|>R)} V(x,s) . \tag{2.12}$$

From the assumption (2.2) it is possible to obtain

$$\sup_{t \geqq t_0} \mathsf{P}\{|x(t,\omega)| > R\} \to 0 \quad \text{as} \quad R \to \infty .$$

According to the definitions 1, 2 the system (1.1) is dissipative. The Theorem 3 is proved.

Example 2: Let us consider the equation

$$\ddot{x} + h\dot{x} + \omega_0^2 x + \alpha x^{2n-1} = \xi(t,\omega) , \qquad h > 0 , \qquad \alpha > 0 , \tag{2.13}$$

assume that $\xi(t,\omega)$ is a Gaussian stochastic process with zero mean value and fulfills the conditions

$$\langle |\xi(s,\omega)|^2\rangle \leqq \alpha_1 , \qquad \int_0^\infty ||K(s,u)||\,\mathrm{d}u \leqq \alpha_2 , \tag{2.14}$$

where $K(s,u) = \langle \xi(s,\omega)\,\xi(u,\omega)\rangle$. From the condition (2.14) and following [3, p. 55] we have

$$\left\langle \exp\left\{c_2\int_{t_0}^{t} |\xi(s,\omega)|\,\mathrm{d}s\right\}\right\rangle \leqq \exp\{c_2(\sqrt{\alpha_1} + \alpha_2 c_2/2)(t - t_0)\} . \tag{2.15}$$

It is necessary to write equation (2.13) in the form

$$\left.\begin{aligned} \mathrm{d}x/\mathrm{d}t &= y , \\ \mathrm{d}y/\mathrm{d}t &= -\omega_0^2 x - \alpha x^{2n-1} - hy + \xi(t,\omega) \end{aligned}\right\} \tag{2.16}$$

and to take the Ljapunov function as follows

$$V(x,y) = [y + (h - \varepsilon)\,x]^2/2 + [\omega_0^2 + h\varepsilon - \varepsilon^2]\,x^2/2 + \alpha x^{2n}/2n \tag{2.17}$$

where $\varepsilon > 0$ is a constant and $\varepsilon < h$.
Using the inequality

$$(a + b)^2 \leqq 2(a^2 + b^2)$$

to the Ljapunov function (2.17) we have

$$V(x,y) \leqq y^2 + [\omega_0^2 + \varepsilon(h - \varepsilon) + 2(h - \varepsilon)^2]\,x^2/2 + \alpha x^{2n}/2n \tag{2.18}$$

Denote

$$\gamma_1 = \max\{1, [\omega_0^2 + \varepsilon(h - \varepsilon) + 2(h - \varepsilon)^2]/2, \alpha/2n\} , \tag{2.19}$$

then

$$V(x,y) \leqq \gamma_1(y^2 + x^2 + x^{2n}) . \tag{2.20}$$

Calculating

$$\mathrm{d}^0V/\mathrm{d}t = -\varepsilon y^2 - \omega_0^2(h - \varepsilon)\,x^2 - \alpha(h - \varepsilon)\,x^{2n} \tag{2.21}$$

and denoting

$$\gamma_2 = \min\{\varepsilon, \omega_0^2(h - \varepsilon), \alpha(h - \varepsilon)\}$$

one can get

$$\mathrm{d}^0V/\mathrm{d}t \leqq -\gamma_2(y^2 + x^2 + x^{2n}) = [-\gamma_1(y^2 + x^2 + x^{2n})]\,\gamma_2/\gamma_1 .$$

Taking into account (2.20) it is possible to obtain

$$\mathrm{d}^0V/\mathrm{d}t \leqq -(\gamma_2/\gamma_1)\,V(x,y) . \tag{2.22}$$

Therefore, the condition (2.1) is satisfied with the constant $c_1 = \gamma_2/\gamma_1$.
Let us verify the condition (2.3). In this case we have

$$|\mathrm{grad}\,V\cdot\sigma(x,t)| = \left|\mathrm{grad}\,V\cdot\begin{pmatrix}0 & 0\\ 0 & 1\end{pmatrix}\right| = \\ = |y + (h - \varepsilon)\,x| \leqq |y| + (h - \varepsilon)\,|x| < c_2 V(x,y) \tag{2.23}$$

for $x^2 + y^2 > R_0^2$, R_0 is sufficiently large.
From the formula (2.23) we observe that for any small c_2 it is possible to choose R_0 so large that the inequality (2.23) is true. Then the following condition is satisfied

$$c_2(\sqrt{\alpha_1} + c_2\alpha_2/2) < c_1 = \gamma_2/\gamma_1 .$$

Hence, all the conditions of the theorem 3 are satisfied and the equation (2.13) is dissipative. The solution of the equation (2.13) is bounded according to probability.

3. Existence of periodic or stationary solutions

In this section we shall investigate also equation (1.1) with the assumption that the functions $F(x,t)$, $\sigma(x,t)$ and the stochastic process $\xi(t,\omega)$ are θ-periodic with respect to t. In [3, p. 79] one has shown that if equation (1.1) satisfies the conditions of the theorem of prolonging the solution to infinity and has at least one solution $y(t)$ fulfilling the condition

$$\left(\frac{1}{T}\right)\int_0^T \mathsf{P}\{|y(t,\omega)| > R\}\,\mathrm{d}t \to 0 \quad \text{as} \quad R \to \infty \tag{3.1}$$

then the equation has a θ-periodic solution. If $F(x,t)$ and $\sigma(x,t)$ are independent from t and $\xi(t,\omega)$ is a stationary process then these conditions assure the existence of a stationary solution. In order to easily establish the Ljapunov function for non-linear dynamical systems we would like to generalize the Chasminski theorem ([3]/p. 80) and prove the following theorem.

Theorem 4: *Suppose that $F(x,t)$, $\sigma(x,t)$ and the stochastic process $\xi(t,\omega)$ are θ-periodic functions with respect to t. The functions $F(x,t)$ and $\sigma(x,t)$ satisfy the local Lipschitz condition. If there exists a Ljapunov function $V(x,t) \geqq 0$ so that*

1. $\mathrm{p}^0 V/\mathrm{d}t$ *is bounded from above and*

$$\mathrm{d}^0 V/\mathrm{d}t \to -\infty \quad \textit{as} \quad |x| \to \infty\,, \tag{3.2}$$

2. $$\inf_{t>0} V(x, t) \to \infty \quad \textit{as} \quad |x| \to \infty\,, \tag{3.3}$$

3. *there exists* R_0 *so that*

$$|\mathrm{grad}\; V(x, t) \cdot \sigma(x, t)| < c_2 V(x, t) \quad \textit{for} \quad |x| > R_0\,, \tag{3.4}$$

$$|\mathrm{grad}\; V(x, t) \cdot \sigma(x, t)| < N \quad \textit{for} \quad |x| \leqq R_0 \tag{3.5}$$

4. $$\langle |\xi(t, \omega)| \rangle < \infty\,, \tag{3.6}$$

then equation (1.1) *has a θ-periodic solution. If* $F(x, t)$ *and* $\sigma(x, t)$ *are independent from* t *and* $\xi(t, \omega)$ *stationary, then the equation* (1.1) *has a stationary solution.*

Proof: Suppose that there exists a Ljapunov function $V(x, t)$. On the basis of the assumptions of Theorem 4 all the conditions of Theorem 2 are fulfilled. Therefore, it is possible to prolong the solution of equation (1.1) to infinity. It is necessary to prove that the assumptions of Theorem 4 yield the condition (3.1). Indeed, like in the above cases it is possible to write the derivative of the Ljapunov function according to the paths of equation (1.1) as follows

$$\mathrm{d}V/\mathrm{d}t \leqq \mathrm{d}^0 V/\mathrm{d}t + c_2 |\xi|\, V \quad \text{for} \quad |x| > R_0\,. \tag{3.7}$$

As for the case $|x| \leqq R_0$ we have the condition (3.5). Therefore, it is possible to obtain the differential inequality in the whole space E_l

$$\mathrm{d}V/\mathrm{d}t \leqq \mathrm{d}^0 V/\mathrm{d}t + c_2\, |\xi|\, V + N|\xi|\,. \tag{3.8}$$

Following lemma 1 we have

$$V(x, t) \leqq \exp\left\{c_2 \int_{t_0}^{t} |\xi(s, \omega)|\, \mathrm{d}s\right\} \times$$
$$\times \left\{V(x_0, t_0) + \int_{t_0}^{t} \left[\frac{\mathrm{d}^0 V(s)}{\mathrm{d}s} + N|\xi(s, \omega)|\right] \times\right.$$
$$\left.\times \exp\left(-c_2 \int_{t_0}^{s} |\xi(u, \omega)|\, \mathrm{d}u\right) \mathrm{d}s\right\}.$$

Because there exists the following inequality for $s \geqq t_0$

$$\exp\left(-c_2 \int_{t_0}^{s} |\xi(u, \omega)|\, \mathrm{d}u\right) \leqq 1$$

there holds

$$0 \leqq V(x, t) \exp\left(-c_2 \int_{t_0}^{t} |\xi(s, \omega)|\, \mathrm{d}s\right) \leqq$$
$$\leqq V(x_0, t_0) + \int_{t_0}^{t} \left(\frac{\mathrm{d}^0 V}{\mathrm{d}s} + N|\xi(s, \omega)|\right) \mathrm{d}s\,. \tag{3.9}$$

Calculating the mean value of two sides of the inequality (3.9) one gets

$$0 \leqq \langle V(x_0, t_0) \rangle + N_1(t - t_0) +$$
$$+ \int_{t_0}^{t} \left[\int_{|x| \leqq R} \left(\frac{\mathrm{d}^0 V}{\mathrm{d}s}\right) \mathsf{P}(\mathrm{d}\omega) + \int_{|x| > R} (\mathrm{d}^0 V/\mathrm{d}s)\, \mathsf{P}(\mathrm{d}\omega)\right] \mathrm{d}s$$

where

$$N_1 = N \max_{s \in [t_0, t]} \langle |\xi(s, \omega)| \rangle\,, \qquad R > R_0\,.$$

On the basis of the assumptions of this theorem it is possible to write

$$\sup_{|x| > R} \frac{\mathrm{d}^0 V}{\mathrm{d}t} = -c_R \to -\infty \quad \text{as} \quad R \to \infty\,,$$

$$\int_{|x| \leqq R} \left(\frac{\mathrm{d}^0 V}{\mathrm{d}t}\right) \mathsf{P}(\mathrm{d}\omega) \leqq M$$

which then yields

$$0 \leqq [\langle V(x_0, t_0) \rangle + N_1 + M]\, (t - t_0) - c_R \int_{t_0}^{t} \mathsf{P}\{|x(s)| > R\}\, \mathrm{d}s$$

or

$$\left[\frac{1}{(t - t_0)}\right] \int_{t_0}^{t} \mathsf{P}\{|x(s)| > R\}\, \mathrm{d}s \leqq$$
$$\leqq [\langle V(x_0, t_0) \rangle + N_1 + M]/c_R \to 0 \quad \text{as} \quad R \to \infty$$

with the assumption $\langle V(x_0, t_0) \rangle < \infty$. Hence, the condition (3.1) is satisfied and Theorem 4 is proved.

Example 3: Consider the dynamical system described by the equation

$$\ddot{x} + h\dot{x} + [\omega_0^2 + \xi(t, \omega)]\, x + g(x) = 0\,, \qquad h > 0\,, \tag{3.10}$$

or in other form

$$\mathrm{d}x/\mathrm{d}t = y\,,$$

$$\mathrm{d}y/\mathrm{d}t = -g(x) - \omega_0^2 x - hy - x\xi(t, \omega)\,.$$

Let us choose the Ljapunov function in the following form

$$V(x, y) = [y + (h - \varepsilon)\, x]^2/2 + [\omega_0^2 + h\varepsilon - \varepsilon^2]\, x^2/2 + G(x)$$

where

$$G(x) = \int_0^x g(u)\, \mathrm{d}u\,, \qquad 0 < \varepsilon < h\,.$$

Assume that

$$xg(x) \geqq 0 \text{ (therefore } G(x) > 0) \text{ and } G(x)/x^2 \to \infty \text{ as } |x| \to \infty \tag{3.11}$$

then

$$V(x, y) \geqq 0\,, \qquad \inf_{x^2 + y^2 > R_0^2} V(x, y) \to \infty \quad \text{as} \quad R \to \infty\,,$$

$$\mathrm{d}^0 V/\mathrm{d}t = -\varepsilon y^2 - (h - \varepsilon)\, x^2 - (h - \varepsilon)\, xg(x) \leqq 0\,,$$

$$\mathrm{d}^0 V/\mathrm{d}t \to -\infty \quad \text{as} \quad x^2 + y^2 = R^2 \to \infty\,,$$

$$|\mathrm{grad}\; V \cdot \sigma(x, y)| =$$
$$= |x[y + (h - \varepsilon)\, x]| \leqq |xy| + (h - \varepsilon)\, x^2 \leqq (x^2 + y^2)/2 +$$
$$+ (h - \varepsilon)\, x^2\,.$$

The assumption (3.11) yields, that for $x^2 + y^2 \geqq R_0^2$ sufficiently great we have

$$|\mathrm{grad}\; V \cdot \sigma(x, y)| \leqq c_2 V(x, y)\,.$$

Hence, if $\xi(t, \omega)$ is stationary then there exists a stationary solution of the equation (3.10).

References

1 Stratonovich, R. L., Topics in the Theory of Random Noise, New York 1963.
2 Lambiris, M.; Leibowitz, M., On stochastic differential equations with non-white noise having small correlation time, J. Franklin Inst. **309**, (1980) 1.
3 Хасьминский, Р. З., Устойчивость систем дифференциальных уравнений при случайных возмущениях их параметров, Москва 1969.

Received September 14, 1983, revised version October 1, 1984

Address: Dr. Nguyen Cao Menh, Instytut Podstaw Budowy Maszyn, Politechnika Warszawska Ul. Narbutta 84, Warszawa — Poland.

ZAMM · Z. angew. Math. Mech. 65 (1985) 12, 645

GROETSCH, C. W.

Convergence of a Numerical Algorithm for a Nonlinear Heat Transfer Problem

1. Introduction

In [2] and [3] the problem of determining the temperature history $u(0, t)$ of the interface between a semi-infinite solid $(x \geqq 0)$ which is initially at temperature 0° and a gas $(x < 0)$ which is constantly at temperature 1° with a nonlinear heat transfer law at the interface given by

$$\frac{\partial u}{\partial x}(0, t) = -G(u(0, t))$$

is investigated. The function G which determines the heat flux at the interface is assumed to be positive, continuous, and strictly decreasing on $[0, 1]$ with $G(1) = 0$. In [2] it is shown that the interface temperature $f(t) := u(0, t)$ satisfies, for appropriate units, the nonlinear integral equation

$$\sqrt{\pi} f(t) = \int_0^t \frac{G(f(\tau))}{\sqrt{t-\tau}} \, d\tau \tag{1}$$

and that this equation has a unique nondecreasing solution f if G satisfies a Lipschitz condition. Assuming that f is differentiable, (1) may be converted to

$$\sqrt{\pi} G(f(t)) = \int_0^t \frac{f'(\tau)}{\sqrt{t-\tau}} \, d\tau, \qquad f(0) = 0, \tag{2}$$

by use of the Abel inversion formula. In [1] a simple numerical method was proposed for solving (2) and some numerical results were presented. Our aim in this note is to prove a convergence result for this method.

2. Algorithm and convergence

The method proposed in [1] for approximating the solution of (2) on the interval $[0, T]$ consists of taking an approximation of the form

$$f_N = \sum_{j=1}^N a_j \varphi_j$$

where $\{\varphi_j\}$ are the piecewise linear cardinal splines on the mesh $t_i = ih$, $i = 1, \dots, N$, $h = T/N$. The coefficients a_i are then determined by collocation at the knots t_i. This leads to the nonlinear system

$$\frac{\sqrt{\pi h}}{2} G(a_i) + \sum_{j=1}^{i-1} s_{ij} a_j = a_i, \qquad i = 1, \dots, N, \tag{3}$$

where

$$s_{ij} = -\sqrt{i-j+1} + 2\sqrt{i-j} - \sqrt{i-j-1}, \qquad i > j;$$

$$s_{ij} = 0, \qquad i \leqq j.$$

It is shown in [1] that this system has a unique solution. We now prove the following convergence theorem.

Theorem: *If $f \in C^2(0, T]$ and G satisfies a Lipschitz condition with constant $L < 1/\sqrt{\pi T}$ then f_N converges uniformly to f on $[T_0, T]$, for each $T_0 > 0$. In fact, $\|f - f_N\|_\infty = O(h)$.*

Proof: Let

$$\hat{f}_N = \sum_{i=1}^N f_i \varphi_i, \qquad f_i = f(t_i),$$

be the piecewise linear spline interpolant to f at $t_1, \dots, t_N$. Then (assuming $h < T_0$)

$$\|f - \hat{f}_N\|_\infty = O(h^2) \quad \text{and} \quad \|f' - \hat{f}'_N\|_\infty = O(h)$$

(see [4]). Therefore

$$\|G(f) - G(\hat{f}_N)\|_\infty \leqq L\|f - \hat{f}_N\|_\infty = O(h^2)$$

and

$$\|Af' - A\hat{f}'_N\|_\infty \leqq 2\sqrt{T}\, \|f' - \hat{f}'_N\|_\infty = O(h)$$

where A is the operator defined by

$$(Af)(t) = \int_0^t \frac{f(\tau)}{\sqrt{t-\tau}} \, d\tau.$$

Therefore, substituting $\hat{f}_N$ into (2) we obtain the system

$$\frac{\sqrt{\pi h}}{2} G(f_i) + \sum_{j=1}^{i-1} s_{ij} f_j = f_i + O(h^{3/2}),$$

or equivalently

$$\frac{\sqrt{\pi h}}{2} G(\boldsymbol{f}) = (I - S_N)\, \boldsymbol{f} + O(h^{3/2}) \tag{4}$$

where $G(\boldsymbol{f}) = [G(f_1), \dots, G(f_N)]^T$ and S_N is the $N \times N$ matrix (s_{ij}).

Similarly, from (3), we obtain

$$\frac{\sqrt{\pi h}}{2} G(\boldsymbol{a}) = (I - S_N)\, \boldsymbol{a} \tag{5}$$

where $\boldsymbol{a} = [a_1, \dots, a_N]^T$. Since S_N is subdiagonal $I - S_N$ is invertible and hence (4) and (5) give

$$\boldsymbol{f} - \boldsymbol{a} = \frac{\sqrt{\pi h}}{2} (I - S_N)^{-1} \{G(\boldsymbol{f}) - G(\boldsymbol{a})\} + (I - S_N)^{-1} O(h^{3/2}). \tag{6}$$

If we denote by $\|\cdot\|$ the maximum norm on $\mathbb{R}^N$, i.e., $\|\boldsymbol{a}\| = \max_{1 \leqq i \leqq N} |a_i|$, then

$$\|S_N\| = \max_{1 \leqq i \leqq N} \sum_{j=1}^{i-1} |s_{ij}| = 1 - \sqrt{N} + \sqrt{N-1} < 1.$$

Therefore

$$\|(I - S_N)^{-1}\| \leqq (1 - \|S_N\|)^{-1} = (\sqrt{N} - \sqrt{N-1})^{-1} \leqq 2\sqrt{N} = 2\sqrt{T}/\sqrt{h}.$$

We then find from (6) that

$$\|\boldsymbol{f} - \boldsymbol{a}\| \leqq \sqrt{\pi T}\, L \|\boldsymbol{f} - \boldsymbol{a}\| + O(h),$$

therefore

$$\|f_N - \hat{f}_N\|_\infty < \|\boldsymbol{f} - \boldsymbol{a}\| = O(h).$$

But then,

$$\|f - f_N\|_\infty \leqq \|f - \hat{f}_N\| + \|f_N - \hat{f}_N\| = O(h^2) + O(h) = O(h).$$

3. Conclusion

The preceding analysis provides rigorous justification for the first order convergence of the method for small times, as observed numerically in [1]. As noted in [1], f generally has a singular derivative at 0 and hence it is not possible to conclude first order convergence on the entire interval $[0, T]$, however for each fixed $T_0 > 0$ we have proved first order convergence on $[T_0, T]$.

References

1 GROETSCH, C. W., Numerical treatment of a nonlinear problem arising in heat transfer, in: SINGH, S. P.; BURRY, J. H., (eds.), Nonlinear Analysis and Applications, Dekker, New York 1982, pp. 357–361.
2 MANN, W. R.; WOLF, F., Heat transfer between solids and gases under nonlinear boundary conditions, Quart. Appl. Math. 9 (1951), 163–184.
3 ROBERTS, J. H.; MANN, W. R., On a certain nonlinear integral equation of Volterra type, Pacific J. Math. 1 (1951), 431–445.
4 SCHULTZ, M. H., Spline Analysis, Prentice-Hall, Englewood Cliffs, N.J. 1973.

Received November 12, 1984, in original form January 16, 1984

Address: Dr. C. W. GROETSCH, Professor of Mathematics, Department of Mathematical Sciences, University of Cincinnati, Cincinnati, Ohio 45221, U.S.A.

ZAMM · Z. angew. Math. Mech. 65 (1985) 12, 646–649

AHBE, H.

Numerische Lösung Volterrascher Integralgleichungen zweiter Art mit beschränktem Differenzenkern

Herrn Prof. em. Dr.-Ing. J. DÖRR ergebenst zugeeignet

1. Einleitung

Bei technisch-naturwissenschaftlichen Problemen (etwa dem des Verhaltens einer gespannten Saite beim Anschlag mit einem nachgiebigen Hammer, vgl. [11], [1] des Literaturverz.) kennt man die Aufgabe, Werte $y_i = y(x_i)$, $i = 0, 1, \dots, n$; $n \in \mathbb{N}$, einer in einem Intervall [a, b] reellwertigen und stetigen Funktion y zu finden, für die eine Gleichung folgender Form besteht:

$$y(x) + \int_{t=a}^{x} K(x-t) \cdot y(t) \cdot \mathrm{d}t = g(x)\,, \qquad x \in [\mathrm{a}, \mathrm{b}]\,. \tag{1}$$

Gegeben sind darin die Funktion $g\colon x \to g(x)$, $x \in [\mathrm{a}, \mathrm{b}]$, die in ihrem Definitionsbereich reellwertig und stetig ist, sowie der reellwertige Kern $K(x-t)$. In ihm treten die Variablen x und t nur in der Differenzform $x - t$ auf, was Kennzeichen für den Faltungstyp ist. Der Kern braucht nicht durchweg stetig zu sein, wird jedoch als beschränkt vorausgesetzt.

Die Festsetzungen

$$Y(x) := y(x + a)\,, \qquad G(x) := g(x + a)\,, \qquad D := [0, b - a] \tag{2}$$

erlauben, (1) in

$$Y(x) + \int_{t=0}^{x} K(x-t) \cdot Y(t) \cdot \mathrm{d}t = G(x)\,, \qquad x \in D\,, \tag{3}$$

zu überführen. Für späteren Gebrauch formen wir den Integraloperator in (3) mit der Substitution $u = x - t$ um. Es ist

$$\int_{t=0}^{x} K(x-t) \cdot Y(t) \cdot \mathrm{d}t = \int_{u=0}^{x} K(u) \cdot Y(x-u) \cdot \mathrm{d}u\,. \tag{4}$$

Der Kern $K\colon u \to K(u)$, $u \in D$, dessen Graph in den mit Schwingungsproblemen befaßten Anwendungen mitunter Ecken oder gar Sprungstellen besitzt, wird oft durch eine Fourier-Reihe dargestellt. Dementsprechend unterscheiden wir folgende Fälle:

(a) K und $\dfrac{\mathrm{d}K}{\mathrm{d}u}$ sind durchweg stetig auf D.

(b) K ist stetig auf D, $\dfrac{\mathrm{d}K}{\mathrm{d}u}$ ist stückweise stetig auf D.

(c) K und $\dfrac{\mathrm{d}K}{\mathrm{d}u}$ sind stückweise stetig auf D.

Mit (4) geht (3) über in

$$Y(x) + \int_{u=0}^{x} K(u) \cdot Y(x-u) \cdot \mathrm{d}u = G(x)\,, \qquad x \in D\,. \tag{5}$$

In (3) und mithin auch in (5) liegt eine lineare Volterrasche Integralgleichung 2. Art vom Faltungstyp vor. Existiert die Lösung $Y(x)$, so kann man sie bekanntlich in geschlossener Form angeben, wenn man etwa die Laplace-Transformation anwendet (vgl. z. B. [6], S. 419ff.). Der dabei erforderliche Aufwand ist mitunter unerträglich, wie man sich etwa anhand von [1], S. 294–299, überzeugen kann. Ferner läßt sich die geschlossene Darstellung der Lösung, da sie nicht auf Rekursionsformeln beruht, oft nur schwerfällig in einer Programmiersprache ausdrücken. So wird man nicht selten Approximationsverfahren der Numerischen Mathematik den Vorzug geben. C. T. H. BAKER schlägt in ähnlichem Zusammenhang vor, eine Kombination der Simpson-Regel mit Newtons 3/8-Regel zu benutzen und in einem Anlaufschritt die Trapezregel heranzuziehen (vgl. [2], S. 774). BAKERs hierher gehörige Beispiele findet man in [2], S. 784–786 und S. 876/77. Im folgenden wird das angesprochene Verfahren aufgegriffen und dergestalt erweitert, daß es auch bei den von BAKER nicht behandelten, aber für viele Anwendungen wichtigen Fällen, in denen der Kern oder seine Ableitung nur stückweise stetig ist, entscheidende Vorteile bietet.

2. Erweiterung des Verfahrens

Wir gehen von (5) aus. G sei stetig auf D, und K erfülle einen der obengenannten Fälle (a), (b), (c). In jedem dieser Fälle zerlegen wir D in eine (nicht zu kleine) Anzahl Intervalle, von denen jedes die Länge h habe. Das Anlauf-Intervall $[0, h]$ unterteilen wir weiter in k Teilintervalle je von der Länge τ und bezeichnen deren Endpunkte mit $x_\mu := \mu\tau$, $\mu = 0, 1, \dots, k$; $k \in \mathbb{N}$. Die Annäherung an die Lösung $Y(x)$ erfolgt im Anlauf-Intervall nach einer modifizierten Trapezregel. (Bei BAKER hingegen wird auf das nicht unterteilte Anlauf-Intervall die Sehnentrapezregel angewendet.) Für $\mu = 0, 1, \dots, k$ gelte $\overset{(\tau)}{G}_\mu := G(x_\mu)$, und es sei $\overset{(\tau)}{\eta}_\mu := \eta(x_\mu)$ der Approximationswert für den Lösungswert $Y(x_\mu)$. Nach (5) ist $Y(0) = G(0)$. Daher beginnen wir mit $\overset{(\tau)}{\eta}_0 := \overset{(\tau)}{G}_0$. Setzt man $\overset{(\tau)}{K}_{\mu+(1/2)} := K[(\mu + \frac{1}{2})\tau]$, $\mu = 0, 1, \dots, k$, so erhält man nach der Tangententrapezregel (Mittelpunktsregel) anstelle von (5) zunächst

$$\overset{(\tau)}{\eta}_\mu + \tau \cdot \sum_{i=1}^{\mu} \overset{(\tau)}{K}_{i-(1/2)}\, \overset{(\tau)}{\eta}_{\mu-i+(1/2)} = \overset{(\tau)}{G}_\mu\,, \qquad \mu = 1, 2, \dots, k\,. \tag{5a}$$

Daß darin K-Werte nur in der Mitte der i-ten Teilintervalle zu bilden sind, erleichtert die Behandlung von Unstetigkeiten der Kernfunktion in den obengenannten Fällen (b) und (c). Eine rekursive Darstellung der $\overset{(\tau)}{\eta}_\mu$ wird möglich, wenn man $\overset{(\tau)}{\eta}_{\mu-i+(1/2)}$ durch $(\overset{(\tau)}{\eta}_{\mu-i} + \overset{(\tau)}{\eta}_{\mu-i+1})/2$ ersetzt. Dabei bleibt man auf der gleichen Approximationsstufe, da für die Tangenten- wie für die Sehnentrapezregel der Approximationsfehler pauschal durch $O(\tau^2)$ anzugeben ist. Mit $q := 1 + \frac{\tau}{2} \overset{(\tau)}{K}_{(1/2)}$ erhält man somit für die $\overset{(\tau)}{\eta}_\mu$, $\mu = 1, 2, \dots, k$, die rekursive Vorschrift

$$q \cdot \overset{(\tau)}{\eta}_\mu = \begin{cases} \overset{(\tau)}{G}_1 - \dfrac{\tau}{2} \overset{(\tau)}{K}_{1/2} \cdot \overset{(\tau)}{G}_0 & (\mu = 1) \\ \overset{(\tau)}{G}_\mu - \dfrac{\tau}{2} [\sum\limits_{i=1}^{\mu-1} (\overset{(\tau)}{K}_{i-1/2} + \overset{(\tau)}{K}_{i+1/2}) \cdot \overset{(\tau)}{\eta}_{\mu-i} + \overset{(\tau)}{K}_{\mu-1/2} \cdot \overset{(\tau)}{G}_0] & \\ & (\mu \geqq 2)\,. \end{cases} \tag{6}$$

Fall (a)

Sei $h := \dfrac{b-a}{n}$, $n \in \mathbb{N}$, wobei n eine genügend große Zahl vertritt, und bezeichne G_i, $i = 0, 1, \dots, n$, die Werte $G(ih)$. Wir approximieren die Lösungswerte $Y_i := Y(ih)$ durch Werte $\eta_i := \eta(ih)$. Dazu identifizieren wir zunächst η_0 mit $\overset{(\tau)}{\eta}_0$ und η_1 mit $\overset{(\tau)}{\eta}_k$. Zur rekursiven Berechnung der η_i für $i = 2, 3, \dots, n$ ziehen wir die Simpson-Regel und die 3/8-Regel heran. So erhält man nach (5) mit $K_i := K(ih)$, $i = 0, 1, \dots, n$, und $q_1 := 1 + \frac{h}{3} K_0$, $q_2 := 1 + \frac{3}{8} h K_0$ weiter

$$\eta_2 \cdot q_1 = G_2 - \frac{h}{3} (4K_1\eta_1 + K_2\eta_0)\,, \tag{7a}$$

$$\eta_3 \cdot q_2 = G_3 - \frac{3}{8} h (3K_1\eta_2 + 3K_2\eta_1 + K_3\eta_0)\,. \tag{7b}$$

Beschränkt man die Verwendung der 3/8-Regel auf das Intervall $[0, 3h]$, so gelangt man für $\eta_4, \eta_5, \dots$ zu Rekursionsformeln, bei denen dreigliedrige Terme wie $K_2\eta_{n-2} + 4K_3\eta_{n-3} + K_4\eta_{n-4}$, $K_3\eta_{n-2} + 4K_4\eta_{n-3} + K_5\eta_{n-4} \dots$ auftreten. (Auf die Simpson-Approximation weisen die Koeffizienten der aus den K- und η-Werten bestehenden Produkte hin, auf den Gedanken der Faltung, daß die Summe der zunehmenden K-Indizes und der abnehmenden η-Indizes gleich bleibt.)

Mit der Abkürzung

$$\left.\begin{aligned} [[K_j\eta_{n-j}]] &:= K_j\eta_{n-j} + 4K_{j+1}\eta_{n-j-1} + K_{j+2}\eta_{n-j-2}\,, \\ & j, n \in \mathbb{N}_0\,, \quad n \geqq j + 2\,, \end{aligned}\right\} \tag{8}$$

geben wir den Rekursionsformeln für $m = 2, 3, 4, \dots$ die Form

$$\left.\begin{aligned} \eta_{2m} \cdot q_1 = G_{2m} &- \frac{h}{3} (4K_1\eta_{2m-1} + K_2\eta_{2m-2}) - \\ &- \frac{h}{3} \sum_{i=1}^{m-1} [[K_{2i}\,\eta_{2m-2i}]]\,, \end{aligned}\right\} \tag{9a}$$

$$\left.\begin{aligned}\eta_{2m+1}\cdot q_2 = G_{2m+1} - \frac{3}{8}h(3K_1\eta_{2m} + 3K_2\eta_{2m-1} + K_3\eta_{2m-2}) - \\ - \frac{h}{3}\sum_{i=1}^{m-1}[[K_{2i+1}\,\eta_{2m-2i}]]\,;\end{aligned}\right\} \tag{9b}$$

m durchläuft hier die natürlichen Zahlen von 2 bis $\left[\frac{n}{2}\right]\left(\left[\frac{n}{2}\right] = \text{größte ganze Zahl} \leqq \frac{n}{2}\right)$.

Die Rekursionsformeln (7a, b), (9a, b) erweisen im vorliegenden Falle die bekannte Brauchbarkeit der Simpson- und der 3/8-Regel im ganzen Bereich D. Der Approximationsfehler resultiert aus einem Fehler R_1 im unterteilten Anlaufschritt (Trapezregel) und einem Fehler in den übrigen Schritten (Simpson-Regel, 3/8-Regel), der mit R_2 bezeichnet werde. Es ist daher für $h \to 0$ (und daher auch $\tau \to 0$) $R_1 = O(\tau^2)$, $R_2 = O(h^4)$. Wegen des (6) zugrundegelegten Ansatzes $h = k\tau$ ist $\tau^2 = \left(\frac{h}{k}\right)^2$. Sollen R_1 und R_2 gleiche Größenordnung haben, gilt also $\frac{h^2}{k^2} = O(h^4)$ für $h \to 0$ und mithin $k = O\left(\frac{1}{h}\right)$.

Vorbemerkungen zu den weiteren Fällen

Bezeichne s eine Stelle des Bereiches D, an der K oder $\mathrm{d}K/\mathrm{d}u$ einen Sprung macht. (Bei K oder $\mathrm{d}K/\mathrm{d}u$ etwa auftretende hebbare Unstetigkeiten gelten von vornherein als beseitigt.) In dem sich einer solchen Stelle anschließenden Intervall starten wir erneut eine Anlaufrechnung. Dabei kann es entsprechend der Lage der nächstgrößeren Sprungstelle von K oder $\mathrm{d}K/\mathrm{d}u$ wünschenswert sein, mit einer Schrittweite h' ($h' \neq h$) fortzufahren. Wir schließen diesen Fall hier aus und beziehen uns im folgenden auf ein Intervall $[s, s + h]$. Der Integraloperator aus (5) wird so in additive Bestandteile zerlegt, daß ein Summand der Form $\int_s^{s+h} K(u)\cdot Y(s + h - u)\cdot \mathrm{d}u$ explizit auftritt. Diesen approximieren wir nach der Trapezregel, indem wir mit $h = k\tau$ die gleiche Unterteilung wie im Anlaufintervall $[0, h]$ verwenden. Bezeichnet man den zugehörigen Näherungswert mit T_s^{s+h}, so ergibt sich

$$T_s^{s+h} = \frac{\tau}{2}\left[K\left(s + \frac{\tau}{2}\right)\cdot \overset{(\tau)}{\eta_k} + K\left(s + h - \frac{\tau}{2}\right)\cdot \overset{(\tau)}{\eta_0}\right] + \\ + \frac{\tau}{2}\sum_{i=1}^{k-1}\left[K\left(s + i\tau - \frac{\tau}{2}\right) + K\left(s + i\tau + \frac{\tau}{2}\right)\right]\cdot \overset{(\tau)}{\eta_{k-i}}. \tag{10}$$

Dabei ist von entscheidender Bedeutung, daß die in (10) auftretenden Werte $\overset{(\tau)}{\eta_0}, \overset{(\tau)}{\eta_1}, \dots, \overset{(\tau)}{\eta_k}$ mit denjenigen übereinstimmen, die aus der Rechnung im Intervall $[0, h]$ bereits bekannt sind.

Fall (b)

$\mathrm{d}K/\mathrm{d}u$ ist stetig auf D mit Ausnahme endlich vieler Sprungstellen, deren kleinste s_1 sei. Wir zerlegen das Intervall $[0, s_1]$ in n_1 Teilintervalle der Länge h, setzen also $h := s_1/n_1$. Dabei sei $n_1 \geqq 4$, mit $n_1 \in \mathbb{N}$, eine Einschränkung, die zwar für das Verfahren nicht wesentlich ist, aber die weitere Darstellung erleichtert. Nach der Anlaufrechnung gemäß (6) setzen wir wie im Falle (a) $\eta_0 := \overset{(\tau)}{\eta_0}$, $\eta_1 := \overset{(\tau)}{\eta_k}$ und erhalten dann nach (7a, b) und (9a, b) $\eta_2 = \eta(2h), \dots, \eta_{n_1} = \eta(s_1)$. Beim Übergang zu $\eta(s_1 + h)$ ist zu unterscheiden, ob der Teilbereich $[0, s_1]$ aus einer geraden oder ungeraden Anzahl Intervalle der Länge h besteht.

α) $s_1 = 2mh \qquad (m \in \mathbb{N} \setminus \{1\})$:

Mit $x = (2m + 1)\,h$ ersetzen wir (5) durch die Näherungsdarstellung $\eta_{2m+1} + S_0^{2mh} + T_{s_1}^{s_1+h} = G_{2m+1}$. Darin bedeuten — man vgl. (8) — $S_0^{2mh} = \frac{h}{3}\sum_{i=0}^{m-1}[[K_{2i}\,\eta_{2m-2i+1}]]$ und $T_{s_1}^{s_1+h}$ den Termwert aus (10) mit $s := s_1$. Es ergibt sich daher für $m \in \mathbb{N}\setminus\{1\}$

$$\eta_{2m+1}\cdot q_1 = G_{2m+1} - \frac{h}{3}(4K_1\eta_{2m} + K_2\eta_{2m-1}) - \\ - \frac{h}{3}\sum_{i=1}^{m-1}[[K_{2i}\,\eta_{2m-2i+1}]] - T_{s_1}^{s_1+h}\,, \tag{11a}$$

wobei $T_{s_1}^{s_1+h}$ wieder (10) mit s_1 anstelle von s zu entnehmen ist. Nach dem Durchlaufen von (11a) schließt sich mit $m := m + 1$ das Formelsystem

$$\eta_{2m}\cdot q_1 = G_{2m} - \frac{h}{3}(4K_1\eta_{2m-1} + K_2\eta_{2m-2}) - \\ - \frac{h}{3}\sum_{i=1}^{m-1}[[K_{2i}\,\eta_{2m-2i}]]\,, \tag{11b}$$

$$\eta_{2m+1}\cdot q_1 = G_{2m+1} - \frac{h}{3}(4K_1\eta_{2m} + K_2\eta_{2m-1}) - \\ - \frac{h}{3}\sum_{i=1}^{m-2}[[K_{2i}\,\eta_{2m-2i+1}]] - \frac{3}{8}h(K_{2m-2}\,\eta_3 + \\ + 3K_{2m-1}\,\eta_2 + 3K_{2m}\,\eta_1 + K_{2m+1}\,\eta_0) \tag{11c}$$

an. Dabei wird die 3/8-Regel nur auf das Schlußintervall mit $(2m - 2)\,h \leqq x \leqq (2m + 1)\,h$ angewendet.

β) $s_1 = (2m + 1)\,h \quad (m \in \mathbb{N}\setminus\{1\})$:

Wir entnehmen (5) mit $x = (2m + 2)\,h$ die approximierte Darstellung

$$\eta_{2m+2} + N_0^{3h} + S_{3h}^{2mh+h} + T_{s_1}^{s_1+h} = G_{2m+2}\,.$$

Darin bedeuten $N_0^{3h} = \frac{3}{8}h(K_0\eta_{2m+2} + 3K_1\eta_{2m+1} + 3K_2\eta_{2m} + K_3\eta_{2m-1})$, $S_{3h}^{2mh+h} = \frac{h}{3}\sum_{i=1}^{m-1}[[K_{2i+1}\eta_{2m-2i+1}]]$ sowie $T_{s_1}^{s_1+h}$ den sich aus (10) mit $s := s_1$ ergebenden Termwert. Man erhält daher für $m \in \mathbb{N}\setminus\{1\}$

$$\eta_{2m+2}\cdot q_2 = G_{2m+2} - \frac{3}{8}h(3K_1\eta_{2m+1} + 3K_2\eta_{2m} + K_3\eta_{2m-1}) - \\ - \frac{h}{3}\sum_{i=1}^{m-1}[[K_{2i+1}\,\eta_{2m-2i+1}]] - T_{s_1}^{s_1+h}\,, \tag{12a}$$

woran sich mit $m := m + 1$ das Formelsystem

$$\eta_{2m+1}\cdot q_2 = G_{2m+1} - \frac{3}{8}h(3K_1\eta_{2m} + 3K_2\eta_{2m-1} + K_3\eta_{2m-2}) - \\ - \frac{h}{3}\sum_{i=1}^{m-1}[[K_{2i+1}\eta_{2m-2i}]]\,, \tag{12b}$$

$$\eta_{2m+2}\cdot q_2 = G_{2m+2} - \frac{3}{8}h(3K_1\eta_{2m+1} + 3K_2\eta_{2m} + K_3\eta_{2m-1}) - \\ - \frac{h}{3}\sum_{i=1}^{m-2}[[K_{2i+1}\,\eta_{2m-2i+1}]] - \\ - \frac{3}{8}h(K_{2m-1}\eta_3 + 3K_{2m}\eta_2 + 3K_{2m+1}\eta_1 + K_{2m+2}\eta_0) \tag{12c}$$

anschließt.

Gibt es weitere Stellen $s_2, s_3, \dots \in D$, an denen $\mathrm{d}K/\mathrm{d}u$ einen Sprung macht, so hat man im Fortgang der Rechnung bei der Benutzung von (10) s entsprechend durch $s_2, s_3, \dots$ zu ersetzen.

Fall (c)

An endlich vielen Stellen des Bereiches D, deren kleinste s_1 sei, macht K oder $\mathrm{d}K/\mathrm{d}u$ einen Sprung. K selbst hat mindestens eine solche Stelle. Die Rechnung verläuft im wesentlichen wie im Falle (b). Es genügt, das Vorgehen dort geringfügig zu ändern. Ohne Einschränkung der Allgemeinheit gehen wir davon aus, daß jede der vorhandenen Sprungstellen eine solche von K selbst ist. Zur bequemeren Darstellung führen wir die Abkürzungen ein:

$$K_{j-0} := \lim_{u \to jh - 0} K(u)\,, \qquad K_{j+0} := \lim_{u \to jh + 0} K(u)\,, \qquad j \in \mathbb{N}_0\,. \tag{13}$$

α) $s_1 = 2mh \quad (m \in \mathbb{N}\setminus\{1\})$:

Ist $m = 2$, so setzen wir

$$\eta_4\cdot q_1 = G_4 - \frac{h}{3}(4K_1\eta_3 + K_2\eta_2) - \frac{h}{3}(K_2\eta_2 + 4K_3\eta_1 + K_{4-0}\,\eta_0)\,.$$

Für $m \geqq 3$ ersetzen wir in dem unter dem Summenzeichen stehenden (nach (8) dreigliedrigen) Term von (9a) und (11 a, b, c) K_{2i} durch K_{2i+0} sowie K_{2i+2} durch K_{2i+2-0}. In der letzten Klammer von (11c) werden außerdem K_{2m-2} durch K_{2m-2+0} und K_{2m+1} durch K_{2m+1-0} ersetzt.

β) $s_1 = (2m+1)\,h \quad (m \in \mathbb{N} \setminus \{1\})$:

Ist $m = 2$, so setzen wir

$$\eta_5 \cdot q_2 = G_5 - \frac{3}{8} h(3K_1\eta_4 + 3K_2\eta_3 + K_3\eta_2) - \frac{h}{3}(K_3\eta_2 + 4K_4\eta_1 + K_{5-0}\,\eta_0)\,.$$

Für $m \geqq 3$ ersetzen wir in dem unter dem Summenzeichen stehenden (nach (8) dreigliedrigen) Term von (9b) und (12 a, b, c) K_{2i+1} durch K_{2i+1-0} sowie K_{2i+3} durch K_{2i+3-0}. In der letzten Klammer von (12c) werden außerdem K_{2m-1} durch K_{2m-1+0} und K_{2m+2} durch K_{2m+2-0} ersetzt.

Beim Programmieren wird man den Rechner z. B. im Falle α) veranlassen, $K(2ih + \varepsilon)$ anstelle von K_{2i} und $K((2i+2)\,h - \varepsilon)$ anstelle von K_{2i+2} zu benutzen, nachdem ε mit einer genügend kleinen positiven Zahl belegt wurde.

3. Anwendung des Verfahrens

Beispiele sollen den Nutzen des beschriebenen Verfahrens aufzeigen. Der Einfachheit halber setzen wir $a = 0$, $b = 1$ und $g(x) = x$. Dabei geht (5) über in

$$Y(x) + \int_{u=0}^{x} K(u) \cdot Y(x-u) \cdot \mathrm{d}u = x\,, \qquad x \in [0, 1]\,. \tag{14}$$

Beispiel 1: Der Kern sei gegeben durch

$$K(u) = |u - \tfrac{1}{2}| \qquad (0 \leqq u \leqq 1)\,. \tag{15}$$

Das entspricht dem Fall (b) (vgl. Einleitung), da $\mathrm{d}K/\mathrm{d}u$ an der Stelle $\frac{1}{2}$ von -1 auf $+1$ springt, K selbst aber durchweg stetig ist.

Wir stellen die geschlossene Lösung von (14) mit dem Kern (15) an den Anfang. (Für ihre Herleitung kann die in [6] angegebene Literaturstelle nützlich sein.) Man erhält mit

$$\alpha = (\sqrt{17} - 1)/4\,, \qquad \beta = -(\sqrt{17} + 1)/4\,, \qquad \bar{x} = x - \tfrac{1}{2}$$

sowie

$$Y_{\mathrm{I}}(x) = (\mathrm{e}^{\alpha x} - \mathrm{e}^{\beta x})/(\alpha - \beta)\,,$$

$$Y_{\mathrm{II}}(x) = 4/(\alpha - \beta)^3 \cdot (\mathrm{e}^{\alpha\bar{x}} - \mathrm{e}^{\beta\bar{x}}) - 2\bar{x}/(\alpha - \beta)^2 \cdot (\mathrm{e}^{\alpha\bar{x}} + \mathrm{e}^{\beta\bar{x}})$$

für die Lösung $Y(x)$ die Darstellung

$$Y(x) = \begin{cases} Y_{\mathrm{I}}(x)\,, & 0 \leqq x \leqq \frac{1}{2} \\ Y_{\mathrm{I}}(x) + Y_{\mathrm{II}}(x)\,, & \frac{1}{2} \leqq x \leqq 1\,. \end{cases} \tag{16}$$

Wählt man als Schrittweite $h = 1/10$, so ergeben sich nach (16) außer $Y(0) = 0$ die auf sieben Dezimalen genauen Werte der Tab. 1.

Tab. 1

i	ih	$Y(ih)$	i	ih	$Y(ih)$
1	0,1	0,0977038	6	0,6	0,5496568
2	0,2	0,1915963	7	0,7	0,6374046
3	0,3	0,2827801	8	0,8	0,7233515
4	0,4	0,3722773	9	0,9	0,8066425
5	0,5	0,4610440	10	1,0	0,8864714

Für das Approximationsverfahren setzen wir zunächst $h = 1/10$ und $k = 8$, so daß sich wegen $h = k\tau$ für τ der Wert 1/80 ergibt. Nach (6) erhält man dann die auf sechs Dezimalen gerundeten Werte der Tab. 2. (Bei einer Kontrollrechnung mit $k = 16$ und daher $\tau = 1/160$ ergeben sich Werte, die höchstens um eine Einheit der sechsten Dezimale von den entsprechenden Werten der Tab. 2 abweichen.)

Tab. 2 ($\tau = 1/80$)

μ	$\eta_\mu^{(\tau)}$	μ	$\eta_\mu^{(\tau)}$	μ	$\eta_\mu^{(\tau)}$
0	0	3	0,037160	6	0,073681
1	0,012462	4	0,049402	7	0,085724
2	0,024847	5	0,061575	8	0,097705

Im Anschluß daran setzen wir $\eta_0 = 0$ und $\eta_1 = 0{,}097705$. Würde man nun nach den Formeln (7a, b) und (9a, b) „in einem Zuge" bis zum Ende des Definitionsintervalls [0,1] rechnen, so erhielte man die auf sechs Dezimalen gerundeten Werte der Tab. 3.

Tab. 3 ($h = 1/10$)

i	η_i	i	η_i	i	η_i
2	0,191596	5	0,461042	(8	0,724276)
3	0,282779	(6	0,549981)	(9	0,806600)
4	0,372276	(7	0,637393)	(10	0,887967)

Wie ein Vergleich von Tab. 3 mit Tab. 1 zeigt, weicht zwar keiner der Näherungswerte η_i für $i = 2, \ldots, 5$ von dem zu ihm gehörigen exakten Wert $Y(ih)$ um mehr als 2 Einheiten der sechsten Dezimale ab, die Differenz von η_6 und $Y(6h)$ aber beträgt 324 Einheiten der sechsten Dezimale. Dieses sprunghafte Anwachsen der Abweichung ist offenbar darin begründet, daß sich die Krümmung des Graphen von Y an der Stelle 1/2 unstetig ändert. Nach (16) ist ja, wenn $Y''' = \mathrm{d}^3Y/\mathrm{d}x^3$ gesetzt wird, $Y'''(\frac{1}{2} + 0) - Y'''(\frac{1}{2} - 0) = -2$.

Benutzt man aber für die Berechnung von η_6 Formel (10) mit $s = \frac{1}{2}$ (Sprungstelle von $\mathrm{d}K/\mathrm{d}u$) und rechnet damit nach (12 a, b, c) weiter, so ergeben sich anstelle der in Tab. 3 eingeklammerten die in Tab. 4 angegebenen Werte.

Tab. 4 ($h = 1/10$)

i	η_i
6	0,549656
7	0,637407
8	0,723354
9	0,806645
10	0,886475

Tab. 5 ($h = 1/20$)

i	η_i	i	η_i
11	0,505396	16	0,723352
12	0,549657	17	0,765380
13	0,593700	18	0,806643
14	0,637405	19	0,847039
15	0,680658	20	0,986472

Die Ergebnisse in Tab. 4 werden außer durch Tab. 1 insbesondere durch eine Kontrollrechnung nach dem Formelsystem (11 a, b, c) mit $h = 1/20$ und $k = 8$ bestätigt. Es ergeben sich die Werte der Tab. 5.

Beispiel 2: Seien wieder $a = 0$, $b = 1$ und $g(x) = x$, so daß man erneut zu Gleichung (14) geführt wird. Für K gelte hier

$$K(u) = \begin{cases} u + 2\,, & 0 < u < 1/3\,, \\ u\,, & 1/3 < u < 2/3\,, \\ u - 2\,, & 2/3 < u < 1\,, \end{cases} \tag{17}$$

so daß der Fall (c) (vgl. Einleitung) vorliegt. Es ist mithin

$$\lim_{u \to 1/3-0} K(u) = \tfrac{7}{3}\,, \qquad \lim_{u \to 1/3+0} K(u) = \tfrac{1}{3}\,, \qquad \lim_{u \to 2/3-0} K(u) = \tfrac{2}{3}\,,$$

$$\lim_{u \to 2/3+0} K(u) = -\tfrac{4}{3}\,.$$

Setzt man $\bar{x} = x - \frac{1}{3}$, $\tilde{x} = x - \frac{2}{3}$ sowie $Y_{\mathrm{I}}(x) = x \cdot \mathrm{e}^{-x}$, $Y_{\mathrm{II}}(x) = \bar{x}^2 \cdot \mathrm{e}^{-\bar{x}}(1 - \frac{1}{3}\bar{x})$, $Y_{\mathrm{III}}(x) = \tilde{x}^2 \cdot \mathrm{e}^{-\tilde{x}}(1 + \frac{1}{3}\tilde{x} - \frac{1}{3}\tilde{x}^2 + \frac{1}{30}\tilde{x}^3)$, so kann man die zu (14) mit (17) gehörende Lösung in der Form

$$Y(x) = \begin{cases} Y_{\mathrm{I}}(x)\,, & 0 \leqq x \leqq 1/3\,, \\ Y_{\mathrm{I}}(x) + Y_{\mathrm{II}}(x)\,, & 1/3 \leqq x \leqq 2/3\,, \\ Y_{\mathrm{I}}(x) + Y_{\mathrm{II}}(x) + Y_{\mathrm{III}}(x)\,, & 2/3 \leqq x \leqq 1\,, \end{cases} \tag{18}$$

darstellen. (Für ihre Herleitung zeigt die in [6] angegebene Literaturstelle einen nicht gerade bequemen Weg auf.) Man ersieht aus (18), daß zwar Y und $\mathrm{d}Y/\mathrm{d}x$ durchweg stetig in [0, 1] sind, daß aber wegen $Y''(\frac{1}{3} + 0) - Y''(\frac{1}{3} - 0) = 2$, $Y''(\frac{2}{3} + 0) - Y''(\frac{2}{3} - 0) = 2$ bereits die zweite Ableitung der Lösungsfunktion Sprungstellen in ihrem Definitionsbereich hat.

Wir wählen als Schrittweite $h = \frac{1}{12}$. Dann ergeben sich nach (18) außer $Y(0) = 0$ die auf sieben Dezimalen genauen Werte der Tab. 6.

Tab. 6

i	ih	$Y(ih)$	i	ih	$Y(ih)$	i	ih	$Y(ih)$
1	1/12	0,0766704	5	5/12	0,2808953	9	9/12	0,4593824
2	2/12	0,1410803	6	6/12	0,3254724	10	10/12	0,5131313
3	3/13	0,1947002	7	7/12	0,3701393	11	11/12	0,5712359
4	4/12	0,2388438	8	8/12	0,4130466	12	12/12	0,6309672

Setzt man für das Approximationsverfahren $h = \frac{1}{12}$ und $k = 8$, so wird $\tau = \frac{1}{96}$. Damit erhält man nach (6) die auf sechs Dezimalen gerundeten Werte der Tab. 7. (Bei einer Kontrollrechnung mit $k = 16$ und daher $\tau = 1/192$ ergeben sich für die Werte der Tab. 7 höchstens Abweichungen von anderthalb Einheiten der sechsten Dezimale.)

Tab. 7 ($\tau = 1/96$)

μ	$\eta_\mu^{(\tau)}$	μ	$\eta_\mu^{(\tau)}$	μ	$\eta_\mu^{(\tau)}$
0	0	3	0,030289	6	0,058715
1	0,010309	4	0,039967	7	0,067791
2	0,020404	5	0,049441	8	0,076672

Mit $\eta_0 = 0$ und $\eta_1 = 0{,}076672$ wird die Rechnung gestartet und nach (7 a, b) und (9 a, b) zunächst bis $4h = \frac{1}{3}$ durchgeführt, da sich bei $s_1 = \frac{1}{3}$ die erste Sprungstelle des Kernes befindet. Mit den aus (10) folgenden Werten

$$T_{s_1}^{s_1+h} = 0{,}001188,\quad T_{s_2}^{s_2+h} = -0{,}004285 \qquad (s_1 = \tfrac{1}{3},\ s_2 = \tfrac{2}{3})$$

wird dann die Rechnung nach (11 a, b, c) fortgesetzt und zu Ende geführt. Insgesamt ergeben sich dabei die auf sechs Dezimalen gerundeten Werte der Tab. 8. Es ist $D_i := [10^6 \cdot \delta_i + \frac{1}{2}]$ mit $\delta_i := Y_i - \eta_i$ in der Gauß-Klammer.

Tab. 8 ($h = 1/12$)

i	η_i	D_i	i	η_i	D_i	i	η_i	D_i
1	0,076672	−2	5	0,280909	−14	9	0,459393	−11
2	0,141081	−1	6	0,325469	+3	10	0,513123	+8
3	0,194702	−2	7	0,370153	−14	11	0,571250	−14
4	0,238844	0	8	0,413040	+7	12	0,630958	+9

Tab. 8 zeigt, daß die maximalen Abweichungen D_i nach dem Überschreiten der ersten Sprungstelle des Kernes ($s = \frac{1}{3}$) um eine Größenordnung höher liegen als die durchschnittlichen Abweichungen vorher. Es fällt auf, daß die Werte η_i nach dem Passieren der ersten Sprungstelle des Kernes um die exakten Werte $Y(ih)$ „pendeln". Will man eine stärkere Annäherung der η-Werte im ganzen Definitionsbereich, so wird man die Schrittweite h halbieren und das Verfahren von vorn beginnen. Wir teilen die entsprechenden Ergebnisse mit, falls $h = \frac{1}{24}$ und $k = 8$ benutzt wird. Anstelle der Werte in Tab. 7 hat man dann diejenigen der Tab. 9.

Tab. 9 ($\tau = 1/192$)

μ	$\eta_\mu^{(\tau)}$	μ	$\eta_\mu^{(\tau)}$	μ	$\eta_\mu^{(\tau)}$
0	0	3	0,0153829	6	0,0302887
1	0,0051813	4	0,0204039	7	0,0351533
2	0,0103088	5	0,0253725	8	0,0399665

Die Rechnung wird mit $\eta_0 = 0$ und $\eta_0 = 0{,}0399665$ nach (7 a, b) gestartet, nach (9 a, b) zunächst bis $8h = \frac{1}{3}$ fortgesetzt und dann unter Benutzung der aus (10) folgenden Werte

$$T_{s_1}^{s_1+h} = 0{,}0002933\,,\qquad T_{s_2}^{s_2+h} = -0{,}0011136$$
$$(s_1 = \tfrac{1}{3},\qquad s_2 = \tfrac{2}{3})$$

nach (11a, b, c) zu Ende geführt. Es ergeben sich die auf sieben Dezimalen gerundeten Werte der Tab. 10. Darin ist $D_i^* := [10^7 \cdot \delta_i + \frac{1}{2}]$ mit $\delta_i := Y_i - \eta_i$ in der Gauß-Klammer. (Die D_i^*-Werte der nicht notierten η_i-Werte mit ungeraden Indizes sind durchweg negativ.)

Tab. 10 ($h = 1/24$)

i	η_i	D_i^*	i	η_i	D_i^*
2	0,0766704	0	14	0,3701387	+6
4	0,1410803	0	16	0,4130460	+6
6	0,1947002	0	18	0,4593818	+6
8	0,2388438	0	20	0,5131307	+6
10	0,2808951	+2	22	0,5712353	+6
12	0,3254721	+3	24	0,6309665	+7

4. Schlußbetrachtung

Es mag naheliegend sein, anzunehmen, das hier dargestellte Verfahren sei im Zeitalter der Hochleistungs-Rechenanlagen entbehrlich, da man doch die behandelten Integralgleichungen auch dann numerisch lösen kann, wenn man sich im ganzen Definitionsbereich auf die Verwendung der Trapezregel beschränkt. Vergleichsrechnungen dieser Art wurden u. a. bei den beiden angegebenen Beispielen durchgeführt. Es zeigte sich: Der Zeitbedarf bei Verwendung des kombinierten Verfahrens betrug jeweils weniger als 4%(!) derjenigen Zeitspanne, die bei ausschließlicher Verwendung der Trapezregel — also Gleichung (6) — nötig war, um mit gleicher Toleranz im ganzen Definitionsbereich auszukommen.

Ähnlich positive Erfahrungen liegen auch im Umgang mit nichtlinearen Integralgleichungen des gleichen Typs vor. Darüber mag später berichtet werden.

5. Literatur

1 AHBE, H., Theoretische Analyse des Tonspektrums der mit einem nachgiebigen Hammer angeschlagenen Saite, Z. angew. Math. Mech. **40**, 289–309 (1960).
2 BAKER, C. T. H., The Numerical Treatment of Integral Equations, (insbes. Chap. 6. Volterra integral equations), Oxford 1978, S. 755–984.
3 BOWNDS, J.; WOOD, B., On numerically solving Volterra integral equations with fewer computations, SIAM J. numer. Anal. **13**, 705–719 (1976)
4 Graf Finck v. FINCKENSTEIN, K., Einführung in die Numerische Mathematik. Bd. 1 und 2, München 1977, 1978.
5 GAREY, L., Solving nonlinear second kind Volterra equations by modified increment methods, SIAM J. numer. Anal. **12**, 501–508 (1975).
6 HEINHOLD, J.; GAEDE, K.-W.; Einführung in die Höhere Mathematik. Teil 4: Funktionentheorie, München 1980, S. 419–424.
7 HOCK, W., Asymptotic expansions for multistep methods applied to nonlinear Volterra integral equations of the second kind, Numer. Math. **33**, 77–100 (1979).
8 HOCK, W., An extrapolation method with step size control for nonlinear Volterra integral equations, Numer. Math. **38**, 155–178 (1981).
9 DE HOOG, F.; WEISS, R., High order methods for a class of Volterra integral equations with weakly singular kernels, SIAM J. numer. Anal. **11**, 1166–1180 (1974).
10 DE HOOG, F.; WEISS, R., Implicit Runge-Kutta methods for second kind Volterra equations. Numer. Math. **23**, 199–214 (1975).
11 KARAS, K.; AHBE, H., Analytische Untersuchung des Saitenanschlages, Z. angew. Math. u. Mech. **35**, 406–427 (1955).
12 LOGAN, J. E., The Approximate Solution of Volterra Integral Equations of the second Kind, Ph. D. thesis, University of Iowa 1976.
13 SLOAN, J. H., Analysis for general quadrature methods for integral equations of the second kind, Numer. Math. **38**, 263–278 (1981).

Eingegangen am 20. September 1982, in endgültiger Fassung am 4. Januar 1985

Anschrift: Dr. HORST AHBE, Paul-Wagner-Straße 27, D-6100 Darmstadt, BRD

BOOK REVIEWS

Noltemeier, H. / Laue, R., Informatik II. Einführung in Rechnerstrukturen und Programmierung. München-Wien, Carl Hanser Verlag 1984. 208 S., DM 34,–. ISBN 3-446-13490-5

Die vorliegende Einführung in Rechnerstrukturen und Programmierung komplettiert ein dreibändiges Werk, das aus Vorlesungen zur Informatik entstanden ist. Früher erschienen Band 1 „Einführung in Algorithmen und Berechenbarkeit" und Band 3 „Einführung in Datenstrukturen". Band 1 ist somit den theoretischen Grundlagen der Datenverarbeitung gewidmet, während Band 3 die Objekte der Datenverarbeitung behandelt und somit näher an die Anwendungen heranrückt. Der vorliegende Band 2 nimmt auch inhaltlich eine mittlere Stellung ein, da er die technischen Hilfsmittel und ihre Programmierung zum Inhalt hat. Dabei spielen jedoch entsprechend der gesamten Anlage des Werkes auch hier die mathematischen Grundlagen für die Konstruktion von Informationsverarbeitungsanlagen und für die Modellierung ihrer Arbeitsweise eine dominierende Rolle.

Anknüpfend an Band 1 werden Modellrechner als endliche Maschinen eingeführt und so strukturiert, daß die v. Neumannsche Rechnerarchitektur erläutert werden kann. Es folgen Betrachtungen zum Entwurf von Schaltnetzen (kombinatorischen Schaltungen) und von Schaltwerken (sequentiellen Schaltungen). Dazu wird die Boolesche Algebra bis zur Normalformdarstellung und zur Minimierung nach Quine und McCluskey behandelt. Konstruktionen von Rechenwerken, Speichern und Steuerwerken werden als Beispiele ausführlich behandelt. Ein kurzes Kapitel erläutert Aufgaben der Systemsteuerung (Betriebssysteme, Speicherverwaltung). Etwa ein Drittel des Buches ist der Programmierung gewidmet. Ein Kapitel „Entwurf von Algorithmen" behandelt methodische Fragen der Programmierung, wobei vor allem Steuerungsstrukturen und ihre Leistungsfähigkeit betrachtet werden. Bei der Einführung des Prozedurkonzepts wird auch die Rekursion behandelt, und Verifikationsprobleme werden angeschnitten. Ein weiteres Kapitel behandelt Programmierungssprachen, wobei hauptsächlich die syntaktische Darstellung (Beispiel Pascal) und in knapper Form einige Übersetzungsprobleme betrachtet werden. Die Programmierung mittels einer Programmierungssprache und die Darstellung der Eigenschaften gebräuchlicher Sprachen sind im Buch nicht enthalten, dazu wird auf Spezialliteratur verwiesen. Dies entspricht der häufig geübten Praxis, die praktische Programmierung nicht in die einführende Informatikvorlesung aufzunehmen, sondern dafür eigene Kurse einzurichten. Ein abschließendes kurzes Kapitel ist parallelen Prozessen gewidmet, wobei Petrinetze als mathematisches Modell zugrundegelegt werden.

Insgesamt gibt das Buch einen guten Überblick über den Aufbau und die Programmierung von Informationsverarbeitungsanlagen. Es enthält eine Fülle interessanter Einzelheiten. Die Darstellung ist jedoch häufig sehr knapp, wodurch z. B. im Kapitel über Petrinetze Verständnisschwierigkeiten auftreten können. Der derzeitige Stand der Informatik, einerseits als Teilgebiet der Mathematik präzis mit abstrakten Modellen arbeitend, andererseits vielfältig empirisch vorgehend, widerspiegelt sich auch in diesem insgesamt recht empfehlenswerten Buch.

Leipzig K.-H. Bachmann

Albrecht, J. / Collatz, L. / Velte, W. (eds.), Numerical Treatment of Eigenvalue Problems, Vol. 3. Basel-Boston-Stuttgart, Birkhäuser Verlag 1984. 214 S., DM 64,–. ISBN 3-7643-1605-5 (ISNM 69)

Dieser Band enthält 15 Manuskripte von Vorträgen, die im Juni 1983 auf einer Tagung am Mathematischen Forschungsinstitut Oberwolfach gehalten wurden, davon kamen 7 aus der BRD, je zwei aus der CSSR, der Schweiz und den USA sowie je einer aus Chile und Italien. Über den Hauptinhalt schreiben die Herausgeber in ihrem Vorwort:

"The meeting centered in part of methods for the computation of eigenvalue bounds with reports on new developments of various methods (method of Lehmann-Maehly, methods of intermediate problems, estimates using difference methods, inclusion by quotients theorems); numerous examples arising out of physics and engineering sciences (computation of rolling frequences, eigenfrequences of plates and membranes, buckling values, energy levels of atoms and critical values in flow problems) helped to illustrate the significance of these results. Some emphasis was also laid on matrix eigenvalue problems; next to theoretical results (e.g. perturbation theorems), numerical algorithms for the treatment of such problems were discussed, in particular in the form arising from the use of finite elements. There were also reports on problems with nonlinear operators occuring in the treatment of nonlinear ascillations (Duffing differential equation) and in the physics of plasma."

Damit findet der 2. Band über Eigenwertaufgaben (s. ZAMM 60 (1980) 176) eine würdige Fortsetzung, die sowohl von Theoretikern als auch von Anwendern auf diesem Gebiet mit Gewinn zu lesen ist.

Rostock L. Berg

Beth, Th., Verfahren der schnellen Fourier-Transformation. Stuttgart, B. G. Teubner 1984. 316 S., DM 34,–. ISBN 3-519-02363-6 (Leitfäden der angewandten Mathematik und Mechanik 61)

Das erste und bekannteste Verfahren zur schnellen Berechnung der diskreten Fourier-Transformation (DFT) ist der 1965 von J. W. Cooley und J. W. Tukey angegebene Algorithmus. Seitdem wurden eine Vielzahl von schnellen Algorithmen für die DFT entwickelt, mit deren Hilfe die Berechnungskomplexität der DFT wesentlich reduziert werden konnte (siehe z. B. H. J. Nussbaumer, Fast Fourier Transform and Convolution Algorithms, Springer-Verlag Berlin-Heidelberg-New York 1981).

Im vorliegenden Buch, mit dem der Autor seine 1984 an der Universität Erlangen — Nürnberg abgeschlossene Habilitationsschrift vorstellt, wird eine neue Qualität dieser Theorie erreicht und erstmals eine systematische Herleitung der verschiedenen schnellen DFT-Algorithmen auf algebraischem Wege gegeben. Darüberhinaus gelingt dem Autor eine weitreichende Verallgemeinerung der DFT, wie sie in der digitalen Signalverarbeitung benötigt wird.

Im Kapitel I wird eine kurze, historisch angelegte Einführung in Methoden der Computer-Algebra gegeben. Anwendungen in der Signalverarbeitung, Codierung und Kryptographie werden skizziert. Die bekannte DFT wird in Kapitel II weitgehend verallgemeinert. Die Signale werden dabei als Elemente eines Gruppenringes FG aufgefaßt, wobei G eine endliche Gruppe und F ein Körper ist. Die Eigenschaften der mittels Darstellungstheorie von Gruppenringen eingeführten „allgemeinen DFT", insbesondere deren Berechnungskomplexität, werden studiert. Schnelle Verfahren der DFT sowie der allgemeinen DFT werden in den nächsten beiden Kapiteln vorgestellt. Ausgehend vom Cooley-Tukey-Algorithmus wird erläutert, daß man durch Zerlegung des Gruppenringes FG (oder m. a. W. durch parallele Berechnung) die Komplexität der Transformation wesentlich reduzieren kann. Bei den in Kapitel III betrachteten Verfahren verringert sich die Anzahl der bei einer Transformation benötigten Multiplikationen wesentlich, ohne daß sich die Anzahl der Additionen übermäßig erhöht. Im Kapitel IV werden „ultraschnelle" Algorithmen im Fall einer zyklischen Gruppe G angegeben, bei denen praktisch alle bei einer Transformation benötigten Berechnungen auf Additionen und Subtraktionen zurückgeführt werden. Als Spezialfall erhält man hier den 1978 von S. Winograd entdeckten schnellen DFT-Algorithmus. Auf Fragen der Hardware-Realisierung dieser Algorithmen wird eingegangen.

Das vorliegende Buch ist ein wichtiger Beitrag zur aktuellen Forschung auf dem Gebiet der Computer-Algebra und der schnellen Fourier-Transformation. Der Leser erhält ein beeindruckendes Bild von der hohen Leistungsfähigkeit algebraischer Methoden in der Informatik. Dabei werden Grundkenntnisse der Algebra (Gruppen- und Körpertheorie) vorausgesetzt. Die benötigten Ergebnisse aus der Darstellungstheorie von endlichen

Gruppen und Gruppenringen werden ohne Beweis bereitgestellt. Die klare Gliederung, die zahlreichen Beispiele, die sorgfältige Motivation der Theorie und die angefügten Sach- und Symbolverzeichnisse tragen wesentlich zur guten Lesbarkeit des Buches bei. Viele Hinweise auf weiterführende Literatur bereichern den Text. Das Literaturverzeichnis umfaßt 120 Titel und repräsentiert den Entwicklungsstand bis 1983. Das Buch wirkt durch seine Originalität begeisternd und liefert für Lehre und Forschung in Informatik, Mathematik und Elektrotechnik zahlreiche neue Anregungen.

Rostock M. Tasche

Chandra, J. / Scott, A. C. (eds.), Coupled Nonlinear Oscillators. Proceedings, Los Alamos, New Mexico, 1981. Amsterdam-New York, North-Holland Publ. Co. 1983. VIII, 124 S., US $ 36.25. Dfl. 85.00. ISBN 0-444-86677-9 (North-Holland Mathematics Studies 80)

Der Workshop war einem neuen, fundamentalen Problemkreis der angewandten Mathematik gewidmet, den irregulären Phänomenen konservativer und dissipativer nichtlinearer Systeme, die aus deren Bifurkationsverhalten resultieren. Im einfachsten Fall handelt es sich um nichtlineare gewöhnliche Differentialgleichungen mit und ohne Argumentverschiebung (delay), wie sie in weiteren Gebieten der Physik vorkommen: gekoppelte mechanische, elektrische oder molekulare Oszillatoren und Lasersysteme.

Die zu behandelnden gewöhnlichen Differentialgleichungen können sich auch (durch Modendarstellungen) aus nichtlinearen partiellen ergeben, z. B. aus dem Navier-Stokesschen Differentialgleichungen der Hydrodynamik. Der entscheidende Schritt besteht in einer Stabilitätsanalyse der stationären Mannigfaltigkeiten, welche für kritische Parameterwerte zu Lösungsverzweigungen führt. Am Ende einer Bifurkationssequenz kann dann das erratische, chaotische Verhalten des determinierten Systems stehen. Neben den klassischen gewinnen nun auch die quantenmechanischen Systeme an Bedeutung. Als Beispiel wird ein Inversionsmodell der Laserphysik vorgeführt. Charakteristisch ist in allen Fällen das enge Zusammenspiel von analytischen und (oft aufwendigen) numerischen Untersuchungen.

Das vorliegende Bändchen stellt eine gute Einführung in den Formenkreis der relevanten Fragestellungen und typischer Lösungsmethoden dar.

Berlin G. Wallis

Brebbia, C. A. (ed.), Boundary Elements VI. Proceedings, on Board the Liner, the Queen Elizabeth 2, Southampton to New York, 1984. Berlin-Heidelberg-New York-Tokyo, Springer-Verlag 1984. X, 474 S., 174 Abb., DM 158,–. ISBN 3-540-13420-4

Das Zentrum für „Rechnergestützte Mechanik" (Computational Mechanics Centre) in Southampton/England hat sich unter Leitung von Professor C. A. Brebbia zu dem führenden internationalen Leitzentrum für die Weiterbildung auf dem Gebiet der Randintegralmethoden entwickelt. Mit den vorgelegten Proceedings der nun bereits VI. Internationalen Konferenz zu diesem Forschungsgegenstand wurde ein weiteres wichtiges Fachbuch der Tagungsreihe im Springer-Verlag publiziert, das wie die vorangegangenen Werke ebenfalls einen großen Leserkreis finden dürfte.

Die an Bord der „Queen Elizabeth 2" durchgeführten wissenschaftlichen Seminare vereinigten eine Reihe international bekannter Wissenschaftler. Die Beiträge sind sowohl dem inzwischen bereits dem Standard zuzurechnenden Problemkreis der Randintegralmethoden gewidmet als auch angrenzenden Verfahren. Neben einem schönen Einführungsvortrag des Tagungsleiters, C. A. Brebbia, sind 32 Beiträge zu folgenden thematischen Schwerpunkten enthalten: 1. Potentiale und Wärmeleitungsprobleme, 2. Festkörpermechanik, 3. Strömungsprobleme, 4. Numerische Techniken und mathematische Prinzipien, 5. Dynamik, 6. Geomechanik, 7. Industrieanwendungen, 8. Spannungskonzentration und 9. Bruchmechanik

Aus den genannten Schwerpunkten wird ersichtlich, daß die BEM-Verfahren in der modernen Mechanik (Festkörpermechanik und Strömungsmechanik) eine zunehmende Bedeutung erlangen. Die Bruchmechanik ist hierfür ebenfalls ein schlagkräftiges Beispiel. Mit der wachsenden Einbeziehung der dynamischen Vorgänge ergeben sich sehr interessante Anwendungen für zahlreiche naturwissenschaftliche und technische Fragestellungen. Im Buch sind Fragen der Wellenausbreitung, z. B. in der Akustik und der Geomechanik genannt. Diese spielen aber auch in der modernen Bruchmechanik, in der Mikromechanik (z. B. Defektdynamik, Versetzungstheorie etc.) bis hin zu speziellen Problemen der Festkörperphysik eine wichtige Rolle. In der vorteilhaften Synthese von Analysis, Numerik und Modellbildung liegt nach Ansicht des Rezensenten ein Grund für das wachsende Interesse an der Randintegralmethode. Wenn sie insgesamt auch nicht die Universalität von Finite-Elemente-Methoden erreichen, so haben sie z. T. eindeutige Vorteile — vor allem auch hinsichtlich des Rechenaufwandes — für lineare Probleme; aber auch für einige spezielle nichtlineare Probleme gelangen sie bereits zum Einsatz, wenngleich hier noch einiges an Forschung zu leisten ist.

Das vorgelegte Buch, das wieder in ansprechender Form herausgegeben wurde, dürfte sicher seinen Leserkreis unter Mathematikern, Naturwissenschaftlern und Technikern finden. Die aktuellen Literaturverzeichnisse der Autoren sind für den Nutzer der Methoden ebenfalls von besonderem Interesse.

Karl-Marx-Stadt B. Michel

Van der Laan, C. G. / Temme, N. M., Calculation of special functions: the gamma function, the exponential integrals and error-like functions. Amsterdam, Mathematisch Centrum 1984. 235 S., Dfl. 33.30. ISBN 90-6196-277-3 (CWI Tract 10)

Die Autoren betrachten ihre Broschüre als Ergänzung zum Handbook of Mathematical Functions von Abramowitz und Stegun und zu den Büchern von Y. L. Luke, wobei sie besonderes Gewicht auf die numerische Berechnung legen. Ursprünglich sollten weitere Funktionen-Klassen (elliptische Integrale, unvollständige Gamma-Funktionen, Bessel-Funktionen aufgenommen werden. Da die Verfasser von diesem Ziel abgingen, wirkt das Buch etwas unausgewogen: Die beiden einleitenden Kapitel nehmen mehr als die Hälfte des Volumens ein. Das erste bringt eine Zusammenstellung von Literatur und Software mit kurzen Kommentaren. Das zweite, allgemeine Aspekte der Berechnung von Funktionen, enthält Bemerkungen zur Fehleranalyse (Störungen des Arguments, Ersetzung der Funktion durch einfachere Funktionen, endliche Mantissenlänge) zur Software-Entwicklung (Implementation von Algorithmen, Test von Programmen), zu ein- und zweistufigen linearen Rekursionen (linearen Differenzengleichungen erster und zweiter Ordnung), zu Kettenbrüchen (mit theoretischen Ergebnissen, Approximationsmethoden und Konditionsuntersuchungen) und zu den hypergeometrischen Funktionen (Potenzreihenentwicklungen, Integraldarstellungen, Entwicklung nach Čebyšev-Polynomen).

Die im Titel genannten drei Klassen spezieller Funktionen sind Gegenstand der letzten drei Kapitel. Nach einer Zusammenstellung theoretischer Ergebnisse werden Möglichkeiten der Implementation diskutiert und vorhandene Programme diverser Software-Sammlungen kommentiert und verglichen.

Das Buch hat durchweg referierenden Charakter. Es enthält kaum neue Ergebnisse. Seine Bedeutung liegt darin, daß es eine große Zahl von in der Fachliteratur verstreuten Ergebnissen und Informationen über die numerische Berechnung der genannten speziellen Funktionen zusammenstellt und kommentiert. Es ist interessant für Fachleute, die sich mit der Software-Entwicklung für spezielle Funktionen befassen.

Rostock G. Maess

NEW BOOKS

Bulakh, B. M., Nonlinear Conical Flow. Delft, Delft University Press 1985. XI, 326 S., Dfl. 60.00. ISBN 90-6275-163-6 (Translation from the Russian)

Fung, Y. C., Biodynamics. Circulation. Berlin-Heidelberg-New York-Tokyo, Springer-Verlag 1984. XI, 404 S., 189 Abb., DM 92,—. US $ 36.60. ISBN 3-540-90867-6

Yavin, Y., Numerical Studies in Nonlinear Filtering. Berlin-Heidelberg-New York-Tokyo, Springer-Verlag 1985. 273 S., VII, DM 37,—. ISBN 3-540-13958-3 (Lecture Notes in Control and Information Sciences 65)

Neüber, H., Kerbspannungslehre. 3., erw. Auflage. Theorie der Spannungskonzentration. Genaue Berechnung der Festigkeit. Berlin-Heidelberg-New York-Tokyo, Springer-Verlag 1985. XI, 326 S., 214 Abb., DM 198,—. ISBN 3-540-13558-8

Grundlagen der Kommunikations-Technologie. ISO-Architektur offener Kommunikationssysteme. Von Görgen, K. / Koch, H. / Schulze, G. / Struif, B. / Truöl, K., Berlin-Heidelberg-New York-Tokyo, Springer-Verlag 1985. X, 300 S., 165 Abb., DM 58,—. ISBN 3-540-13964-8

Komkov, V. (ed.), Sensitivity of Functionals with Applications to Engineering Sciences. Proceedings, New York City, May 1983. Berlin-Heidelberg-New York-Tokyo, Springer-Verlag 1984. V, 130 S., DM 21,50. US $ 7.60. ISBN 3-540-13871-4 (Lecture Notes in Mathematics 1086)

Cvitanović, P. (ed.), Universality in Chaos. Bristol, Adam Hilger Ltd. 1984. XII, 514 S., £ 28.00. $ 47.50. (h.c.). ISBN 085274-766-7. £ 11.50. $ 19.00 (p.b.). ISBN 0-85274-765-9

Müller, P. H. / Nollau, V. (Hrsg.), Steuerung stochastischer Prozesse. Berlin, Akademie-Verlag 1984. 288 S., M 48,—. BN 762 522 7 (6461)

Baumgärtel, H., Analytic Perturbation Theory for Matrices and Operators. Berlin, Akademie-Verlag 1984. 427 S., M 80,—. BN 763 352 6 (6823)

Truesdell, C., An Idiot's Fugitive Essays on Science. Methods, Criticism, Training, Circumstances. Berlin-Heidelberg-New York-Tokyo, Springer-Verlag 1984. XVII, 654 S., 30 Abb., DM 158,—. ISBN 3-540-90703-3

Ruymgaart, P. A. / Soong, T. T., Mathematics of Kalman-Bucy Filtering. Berlin-Heidelberg-New York-Tokyo, Springer-Verlag 1985. X, 170 S., 19 Abb., DM 84,—. ISBN 3-540-13508-1 (Springer-Series in Information Sciences 14)

Kaczorek, T., Two-Dimensional Linear Systems. Berlin-Heidelberg-New York-Tokyo, Springer-Verlag 1985. IX, 398 S., DM 62,—. ISBN 3-540-15086-2 (Lecture Notes Control and Information Sciences 68)

Shor, N. Z., Minimization Methods for Non-Differentiable Functions. Berlin-Heidelberg-New York-Tokyo, Springer-Verlag 1985. VIII, 162 S., DM 84,—. ISBN 3-540-12763-1 (Springer Series in Computational Mathematics 3) — Translation from the Russian

Stanišić, M. M., The Mathematical Theory of Turbulence. Berlin-Heidelberg-New York-Tokyo, Springer-Verlag 1985. XVI, 429 S., 71 Abb., DM 87,—. ISBN 3-540-96107-0 (Universitext)

Neunzert, H. (ed.), Mathematics in Industry. Proceedings, October, 1983, Oberwolfach. Stuttgart, B. G. Teubner 1984. 287 S., DM 52,—. ISBN 3-519-02610-4

Boffi, V. / Neunzert, H. (eds.), Applications of Mathematics in Technology. Proceedings, Rome, March 26—30, 1984. Stuttgart, B. G. Teubner 1984. 484 S., DM 82,—. ISBN 3-519-02611-2

Törnig, W. / Gipser, M. / Kaspar, B., Numerische Lösung von partiellen Differentialgleichungen der Technik. Stuttgart, B. G. Teubner 1985. 183 S., DM 34,—. ISBN 3-519-02613-9 (Mathematische Methoden in der Technik 1)

Dekker, K. / Verwer, J. G., Stability of Runge-Kutta Methods for Stiff Nonlinear Differential Equations. Amsterdam-New York, North-Holland 1984. X, 308 S., US $ 36.50. Dfl. 95.00. ISBN 0-444-87634-0 (CWI Monographs 2)

Inverse Problems of Acoustic and Elastic Waves. Ed. by Santosa, F. / Pao, Y.-H. / Symes, W. W. / Holland, C., Philadelphia, SIAM 1984. Distr. by J. Wiley. IX, 365 S., £ 36.65

Märk, T. D. / Dunn, G. H. (eds.), Electron Impact Ionization. Wien-New York, Springer-Verlag 1985. 430 S., 156 Abb., öS 1.180,—. DM 168,—. ISBN 3-211-81778-6

Rebbi, C. / Soliani, G., Solitons and Particles. Singapore, World Scientific Publ. Co. Ltd. 1984. Distr. by J. Wiley. XIII, 819 S., £ 33.65. Cloth: 78.15. ISBN 9971-966-42-5. pbk: ISBN 9971-966-43-3

Gawehn, W., Finite-Elemente-Methode. Lehrbuch. Grundbegriffe der Energiemethoden und FEM in der linearen Elastostatik. Braunschweig-Wiesbaden, Fr. Vieweg & Sohn 1985. 201 S., DM 32,—. ISBN 3-528-03354-1

Hanyga, A., Mahtematical Theory of Non-Linear Elasticity. Warszawa, Polish Scientific Publishers 1985 and Chichester, Ellis Horwood Ltd. Distr. by J. Wiley. 432 S., £ 39.50. ISBN 0-85312-227-X (Ellis Horwood). ISBN 0-470-27493-X (Halsted Press — J. Wiley)

Zumpe, G., Angewandte Mechanik. 2., erw. Aufl. Band 2: Beschreibung und Zuordnung von Vektormengen. Berlin, Akademie-Verlag 1984. XIV, 272 S., M 36,—. BN 763 228 3 (5557/2)

Betten, J., Elastizitäts- und Plastizitätslehre. Braunschweig-Wiesbaden, Friedr. Vieweg & Sohn 1985. VIII, 310 S., 66 Abb., DM 48,—. ISBN 3-528-03038-0

Edelen, D. G. B., Applied Exterior Calculus. Chichester et al., John Wiley & Sons 1985. XVII, 471 S., £ 56.95. ISBN 0-471-80773-7

Beran, L., Orthomodular Lattices. Algebraic Approach, Dordrecht-Boston-Lancaster, D. Reidel Publ. Co. 1985. XV. 394 S., Dfl. 180,—. US $ 69.00. £ 45.75. ISBN 90-277-1715-X

Walther, H., Ten Applications of Graph Theory. Dordrecht/Boston/Lancaster, D. Reidel Publ. Co. 1985. XII, 252 S., Dfl. 105,—. US $ 39.50. £ 26.75. ISBN 90-277-1599-8

Cross, M. / Moscardini, A. O., Learning the Art of Mathematical Modelling. Chichester, Ellis Horwood Ltd. 1985. Distr. by J. Wiley. 155 S., £ 7.50. ISBN 0-85312-850-2

Wasow, W., Linear Turning Point Theory. Berlin-Heidelberg-New York-Tokyo, Springer-Verlag 1985. IX, 246 S., 19 Abb., DM 128,—. ISBN 3-540-96046-5 (Applied Mathematical Sciences 54)

Golubitsky, M. / Schaeffer, D. G., Singularities and Groups in Bifurcation Theory. Vol. 1. Berlin-Heidelberg-New York-Tokyo, Springer-Verlag 1985. XVII, 463 S., 114 Abb., DM 148,—. ISBN 3-540-90999-0 (Applied Mathematical Sciences 51)

Truesdell, C., Rational Thermodynamics. With an appendix by Wang, C.-C., 2nd corr. and enlarged ed., Berlin-Heidelberg-New York-Tokyo, Springer-Verlag 1984. XVII, 578 S., 13 Abb., DM 214,—. ISBN 3-540-90874-9

Steadman, S. G. (ed.), Fusion Reactions Below the Coulomb Barrier. Proceedings, Cambridge, MA 1984. Berlin-Heidelberg-New York-Tokyo, Springer-Verlag 1985. VII, 351 S., DM 52,—. ISBN 3-540-13918-4 (Lecture Notes in Physics 219)

Dittrich, W. / Reuter, M., Effective Lagrangians in Quantum Electrodynamics. Berlin-Heidelberg-New York-Tokyo, Springer-Verlag 1985. V, 244 S., DM 32,—. ISBN 3-540-15182-6 (Lecture Notes in Physics 220)

Kajantie, K. (ed.), Quark Matter '84. Proceedings, Helsinki 1984. Berlin-Heidelberg-New York-Tokyo, Springer-Verlag 1985. VI, 305 S., DM 45,—. ISBN 3-540-15183-4 (Lecture Notes in Physics 221)

Zeitschrift für Angewandte Mathematik und Mechanik
Volume 65 1985 Number 12

Contents

Zeitschrift für Angewandte Mathematik und Mechanik is indexed in Current Contents/Physical, Chemical & Earth Sciences; Science Citation Index; Applied Mechanics Reviews; Mathematical Reviews; Zbl. Math.

FSC
www.fsc.org
MIX
Papier | Fördert
gute Waldnutzung
FSC® C083411

Zeitfracht Medien GmbH
Ferdinand-Jühlke-Straße 7
99095 Erfurt, Deutschland
produktsicherheit@kolibri360.de